黄　精

石　艳　刘京晶　朱培林　主编

中国农业出版社

北　京

编 委 会

主　编：石　艳　刘京晶　朱培林

副主编：俞巧仙　邹　辉　宋大伟　刘玉军　斯　顿

编　委（以姓氏笔画为序）：

王　盼（磐安县中药创新发展研究院）

王富子（安徽九华山旅游发展股份有限公司西峰山庄）

石　艳（浙江农林大学）

付华松（宜宾傅氏中医药科技有限公司）

朱定宾（赣州道正生态农业发展有限公司）

朱培林（江西省林业科学院）

朱智彪（浙江三溪堂中药有限公司）

刘　智（新化县天龙山农林科技开发有限公司）

刘玉军（安徽省科学技术研究院）

刘京晶（浙江农林大学）

刘敬军（泰安市泰山景区无恙堂健康产业有限公司）

孙笑川（德宏州林业和草原局）

孙翟翎（新化县绿源农林科技有限公司）

李　雷（安徽森沣农业综合开发有限公司）

李　聪（浙江农林大学）

李和桂（南充蜀妙农业开发有限公司）

李建新（江山市林业技术推广站）

杨虎清（浙江农林大学）

杨美森（秀山土家族苗族自治县中药材产业中心）

吴令上（浙江农林大学）

邹　辉（新化县颐朴源黄精科技有限公司）

汪迎庆（安徽九芙蓉臻味食品有限公司）

宋大伟（池州市九华府金莲智慧农业有限公司）

张金莲（江西中医药大学）

张宗铭（湖北鄂达生物科技有限公司）

张新凤（浙江农林大学）

陈东红（浙江农林大学）

陈伟民（安徽省青阳县卫生健康委员会）

金　良（安徽九华峰生物科技有限公司）

金　鹏（浙江农林大学）

周建青（景宁县生态林业发展中心）

赵　明（云南农业大学）

赵建国（洛阳林盛农业开发有限公司）

胡　盛（湖北黄精哥生态农业有限公司）

柳春风（金寨润元生物科技有限公司）

俞巧仙（浙江森宇有限公司）

贾　静（安徽东贝农业发展有限公司）

晏朝俊（秀山县佳沃农业发展有限公司）

徐晓微（温州市林业技术推广和野生动植物保护管理站）

徐恩国（辽宁省清原满族自治县道生堂中药材有限公司）

斯　顿（浙江农林大学）

斯王肃（杭州震亨生物科技有限公司）

韩之刚（浙江农林大学）

程亚群（重庆市合信农业科技有限公司）

普国东（云南康翔农业发展有限公司）

谢建秋（丽水市农林科学研究院）

解东超（浙江农林大学）

蔡海平（深圳市皇菁生物科技有限公司）

廖大斌（湖北瑞源种业科技有限公司）

PREFACE 序

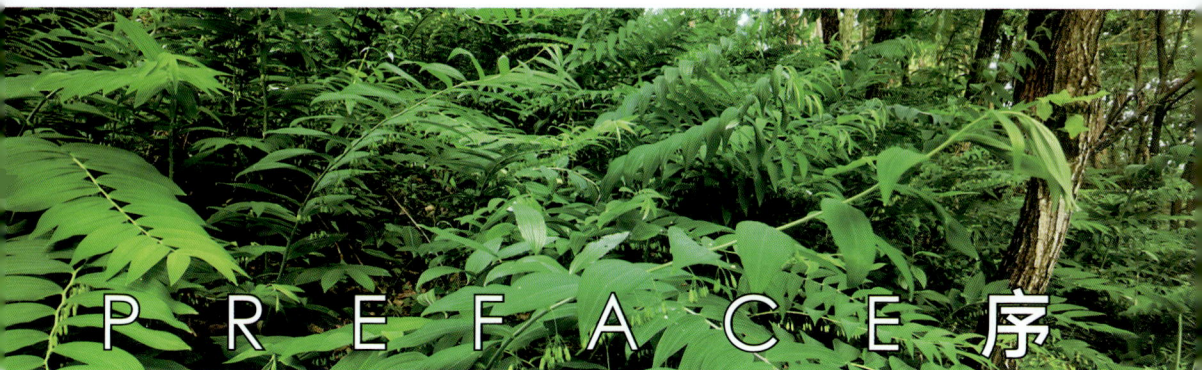

进入 21 世纪，全球粮食安全与营养状况形势复杂严峻。2020—2023年连续 4 年，联合国粮食及农业组织和世界卫生组织等发布的《世界粮食安全和营养状况》，主题都是健康膳食。国家发展改革委发布的《"十四五"生物经济发展规划》提出，顺应"以治病为中心"转向"以健康为中心"的新趋势，发展面向人民生命健康的生物医药；顺应"解决温饱"转向"营养多元"的趋势，发展面向农业现代化的生物农业。"厨房变身药房""食物就是药物"已经成为当代健康生活的潮流。在这一潮流中，黄精凭借其独特的营养与保健特性，彰显出非凡的优势与潜力。

黄精虽然只是一株小草，但一与人类相遇，就成为坤土之精、仙人余粮、本草之上品。在 5 000 年的历史长河中，黄精变成一道道老少皆宜、男女皆宜、僧道皆宜、宫廷民间皆宜的健脾、润肺、益肾之良药美食。它步入唐代诗人的殿堂，藏进僧道的行囊，成为游侠的生命伴侣，还曾是历代的贡品，更是百姓的救荒本草。黄精不占良田、不争林地，一岁一枯荣，走过漫长的林草和谐共生的生命旅程，经九蒸九制重生绽放。

黄精既是传统滋补中药材，也是现代预防和辅助治疗一些慢性病的良药。黄精首载于《神农本草经》。《名医别录》进一步明确其功效："主补中益气，除风湿，安五脏。久服轻身、延年、不饥。"其后历代本草沿袭此说至今。2020 年版《中华人民共和国药典》收载黄精："补气养阴，健脾，润肺，益肾。"现代医学认为黄精的主要活性物质是多糖、黄酮、皂苷等，具有抗糖尿病、抗炎、抗氧化、抗肿瘤、抗疲劳、调节肠道菌群、提高免疫力、降血脂、神经保护、促进睡眠等功效。

　　黄精自古是仙人余粮、百姓的救荒粮，并可望成为新兴作物和林粮。《抱朴子内篇》首次记载："黄精灾年可以代粮。"其后历代本草均对此有所记述。现代研究表明，黄精根茎与水稻、小麦等主粮的糖类含量相当。但现有的主粮能量物质主要为淀粉，而黄精根茎中不含淀粉，其能量物质为结构复杂的果聚糖。果聚糖是植物三大营养储存糖类之一，与淀粉和蔗糖一样可顺境生产。10 000多年前中美洲史前人类主粮龙舌兰的能量物质就是agavin型果聚糖。黄精中果聚糖除了具有菊粉型果聚糖的膳食纤维作用外，还易在家庭常压蒸煮条件下降解为低聚果糖、果糖、葡萄糖，产生的能量可达小麦、水稻等主粮糖类的60%。

　　黄精甘美易食，非常适合单独加工或与其他食物复配。历代本草均记载黄精甘美易食，宜"久服"，传统九蒸九制生产的黄精果脯（蜜饯）、黄精茶等产品深受市场欢迎。黄精单独或与其他食物复配生产啤酒、果酒、蒸馏酒和浸泡酒潜力巨大；与面粉、米粉、甘薯粉混合生产面条、年糕、馒头、面包、饼干等，自身不升糖，更重要的是可以包裹淀粉颗粒，阻挡α-淀粉酶的消化作用，延缓血糖含量的升高，为糖尿病人食品开发提供了一条新路径。果聚糖降解的主要产物果糖是冷甜性物质，吸收代谢快，发酵性、呈色性及保湿性好，因此，果聚糖、果糖均可广泛应用于冷饮、运动食品、能量型饮料、烘焙食品和乳制品。

　　黄精属植物广泛分布于北半球亚热带、温带、寒温带，全球有60多种；中国是世界黄精进化与分布中心，自然分布39种（特有种20种），全国各省份均有黄精属植物自然分布或人工栽培。黄精属于多年生草本植物，无须每年播种，生长季节长，具有广泛的抗逆性，可以做到一次种植永续采收。2020年版《中华人民共和国药典》收录的药食同源中药材黄精的3种基原植物非常适合林下种植或与玉米复合经营，不争林地，低碳生态环保。如果5%的国家储备林、经济林林下种植黄精，其年产量将在300万t以上，约占全国薯类总产量的10%、粮食总产量的0.5%。事实上，黄精种质资源丰富，随着科技进步，改良潜力巨大。

　　石艳、刘京晶两位博士专注黄精研究，以她们发表的高质量论文成果为基础，联合黄精产业国家创新联盟专家与企业家，吸纳黄精研究与生产的最新成果，用科普的语言，融科学性、实用性、趣味性于一体，编写成本书。特别是在本书成稿之时，石艳博士带领的"林下种'金'"科技服务团队荣获"2024年中国国际大学生创新大赛"金奖，在此深表贺忱。期望越来越多的科学家、企业家、开发商、生产商和消费者，通过本书了解黄精、种好黄精、用好黄精，并从中找到黄精良药与美食领域诸多悬而未解之题的答案。

　　欢迎您阅读本书和浏览黄精产业国家创新联盟公众号。

黄精产业国家创新联盟理事长　斯金平

2024年10月15日

黄精联盟公众号

CONTENTS 目录

序

第一章　黄精的发展历程与时代需求

一、黄精的发展历程

根据张华（232—300年）《博物志》记载，黄精已经有近5 000年的使用历史；我国最早的中药经典著作《神农本草经》距今约有2 000年，其中记载了黄精的食药用功效。21世纪以来，黄精资源培育、功效物质基础研究及其产品开发等取得了新的突破（图1-1）。

（一）黄精本草记载

《神农本草经》（主体约形成于西汉，又经东汉医药家修润增补）首次记载了黄精属植物药材"女萎"："味甘，平。主中风，暴热，不能动摇，跌筋结肉，诸不足。久服去面黑䵟，好颜色，润泽，轻身，不老。"本草考证表明，《神农本草经》中"女萎"应包括当今的玉竹和黄精。

《名医别录》（汉末）记载了黄精与葳蕤（玉竹）两种黄精属药材，"黄精，味甘，平，无毒。主补中益气，除风湿，安五脏。久服轻身、延年、不饥。""葳蕤，无毒。主治心腹结气，虚热，湿毒，腰痛，茎中寒，及目痛眦烂泪出。"对照《神农本草经》《名医别录》两部药学著作，《名医别录》将《神农本草经》中"女萎"的主治功效归入了葳蕤、主补功效归入了"黄精"，其后历代本草沿用至今。

历代本草记载"黄精"别名有"龙衔"（《广雅》，227—232年），"重楼""菟竹""鸡格""救穷""鹿竹"（《名医别录》），"白及""兔竹""垂珠""鸡格""米脯"（《抱朴子内篇》，317年），"笔菜""葳蕤""仙人余粮""苟格""马箭""白及"（《本草图经》，1061年），"生姜"（《滇南本草》，1436年），"野生姜""米脯"（《本草蒙筌》，1565年），"山生姜"（《本草备要》，1694年），"玉竹黄精""白芨黄精"（《本草从新》，1757年）等。另外，直至明清时期"黄精"与"玉竹"仍

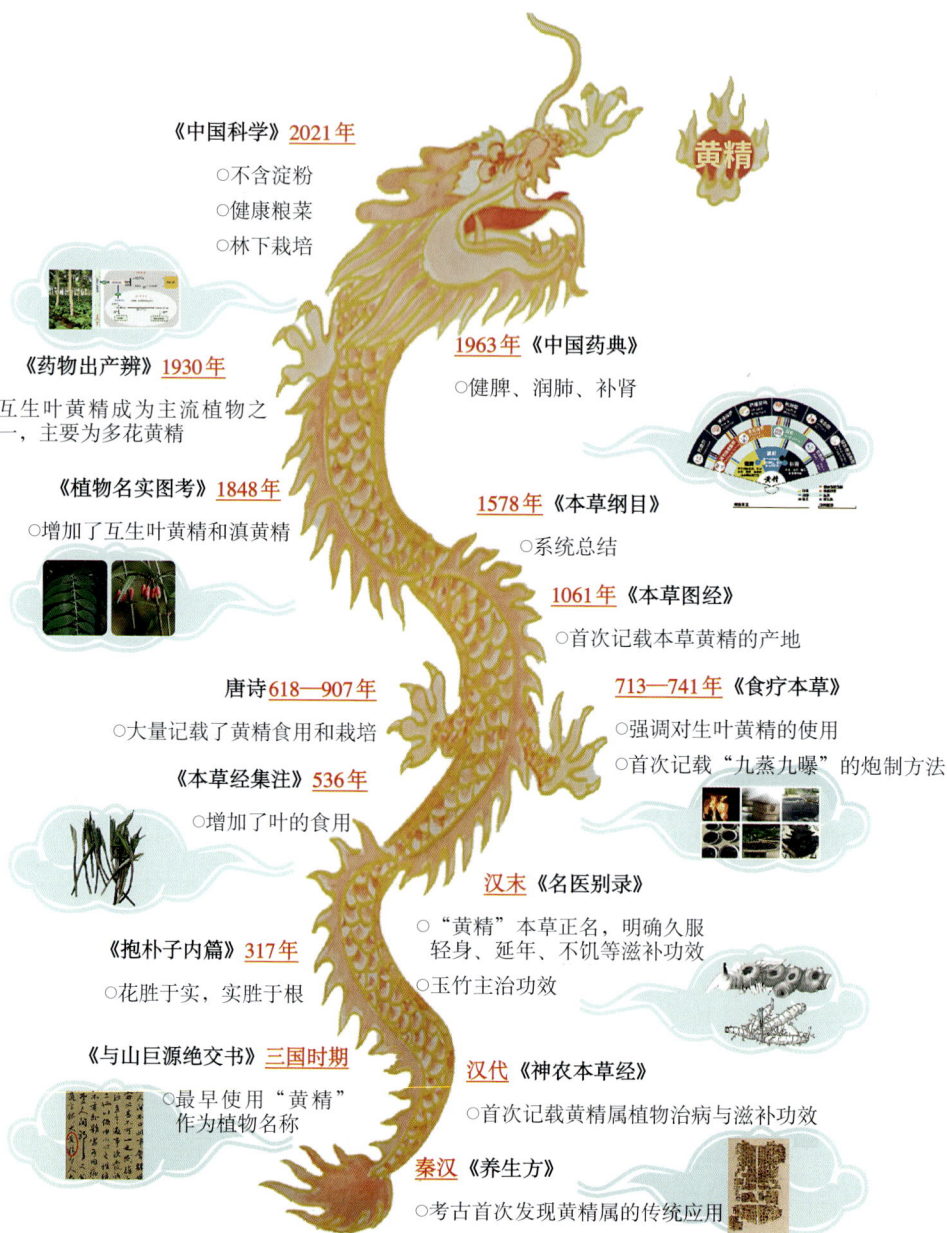

图 1-1　黄精发展与应用历史

《中国科学》2021年
○不含淀粉
○健康粮菜
○林下栽培

《药物出产辨》1930年
○互生叶黄精成为主流植物之一，主要为多花黄精

《植物名实图考》1848年
○增加了互生叶黄精和滇黄精

唐诗618—907年
○大量记载了黄精食用和栽培

《本草经集注》536年
○增加了叶的食用

《抱朴子内篇》317年
○花胜于实，实胜于根

《与山巨源绝交书》三国时期
○最早使用"黄精"作为植物名称

1963年《中国药典》
○健脾、润肺、补肾

1578年《本草纲目》
○系统总结

1061年《本草图经》
○首次记载本草黄精的产地

713—741年《食疗本草》
○强调对生叶黄精的使用
○首次记载"九蒸九曝"的炮制方法

汉末《名医别录》
○"黄精"本草正名，明确久服轻身、延年、不饥等滋补功效
○玉竹主治功效

汉代《神农本草经》
○首次记载黄精属植物治病与滋补功效

秦汉《养生方》
○考古首次发现黄精属的传统应用

然存在混淆或混用，《本草纲目》（1578年）记载"黄精、葳蕤性味功用大抵相近，而葳蕤之功更胜……，二物虽通用亦可"；《植物名实图考》（1848年）记载"古有委萎，或以为即葳蕤，目为瑞草；而黄精乃后出，诸书以委萎类黄精，然则古方盖通用矣""黄精一名葳蕤，既与委萎同名"。

《博物志》记载："黄帝问天老曰：天地所生，岂有食之令人不死乎？天老曰：太阳之草名曰黄精，饵而食之可以长生。"1973年中国长沙马王堆汉墓考古发现，黄精为《养生方》的主要组方之一，证实了黄精的传统应用。黄精名字的由来，《本草纲目》记载："仙家以为芝草之类，以其得坤土之精粹故谓之黄精。五符经云：黄精获天地之淳精，故名为戊己芝，是此义也。"

（二）黄精资源与分布

黄精起源于横断山—喜马拉雅地区（距今约 2 000 万年），我国是世界黄精进化（距今约 1 200 万年前传入中国）与分布的中心。黄精属植物在全球范围内有60多种，广泛分布于北半球亚热带、温带、寒温带地区。我国有39种，其中特有种20种，全国各省份均有黄精属植物自然分布或人工栽培。黄精属植物资源的利用方面，唐代至清初的本草强调正品"黄精"具有叶片相对而生的特性，《食疗本草》记载"黄精，叶相对者是，不对者名偏精"，《本草纲目》记载"黄精其叶似竹而不尖，或两叶、三叶、四五叶，俱对节而生"。清代，随着资源应用的扩大及用量的增加，黄精属其他类群相继被利用，《植物名实图考》在保留轮生类群黄精的同时，增加了互生叶黄精和滇黄精。中华民国时期，互生叶类群的多花黄精已成为主流基原植物之一，《药物出产辨》记载"湖南产之正黄精，一片纯甜"，程铭恩等认为湖南黄精属植物有苦味的轮叶类湖北黄精（*Polygonatum zanlanscianense*）、分布量较少的互叶类距药黄精（*P. franchetii*）及分布量较多且味甜的多花黄精（*P. cyrtonema*），推断《药物出产辨》中所描述的主要为多花黄精。

《永嘉记》载"黄精出嵩阳永宁县"，系黄精产地的首次记载（《本草品汇精要》，1505年）。唐诗翔实地记载了黄精广泛分布于浙江、安徽、江苏、湖南、甘肃、河南、陕西、山东、湖北、广东等地，并有"有田多与种黄精""两亩黄精食有余""三春湿黄精""绕篱栽杏种黄精"等人工栽培的记载。而《本草图经》（1061年）首次在本草著作中记载了黄精的产地："黄精旧不载所出州郡，但云生山谷，今南北皆有之，嵩山、茅山为佳。"但江苏茅山、河南嵩山并非现代的黄精主产区。经实地考察与综合考量黄精、多花黄精适生的海拔分布和该地区生态环境现状，可以确认茅山、嵩山及周边地区无论历史上还是现代，均无法生产可以认定最佳产地的"黄精"，其"道地性"可能来自"太保黄精"的传说（唐天宝年间，茅山道士李玄静向唐玄宗进贡"茅山黄精"，唐玄宗封李玄静太保官衔，后人便称"茅山黄精"为"太保黄精"）与道教文化中黄精的传播。

2020年版《中华人民共和国药典》（简称《中国药典》）收录的药材黄精

的基原植物为适合在长江以北生长的鸡头黄精（*P. sibiricum*），适合在云贵高原生长的滇黄精（*P. kingianum*），适合在长江流域及其以南生长的多花黄精（*P. cyrtonema*）。大叶滇黄精（*P. kingianum* var. *grandifolium*）首见于《四川植物志》（1981年），《中国植物志》（1978年）将其作为滇黄精的一个类型，《中国植物志》英文版 *Flora of China*（2000年）将其列入滇黄精下（没有单独列出 *P. kingianum* var. *grandifolium*）。因此，大叶滇黄精药材基原上应归属滇黄精。

（三）食药用部位

黄精的根茎、叶、花和果实都可以食用。《抱朴子内篇》记载："服其花胜其实，服其实胜其根，但花难多得。得其生花十斛，干之才可得五六斗耳，而服之日可三合 [合（gě）为中国古代计量单位，十合为一升]，非大有役力者不能辨也。"《本草图经》记载："初生苗时，人多采为菜茹，谓之笔菜，味极美。"但根茎产量高，便于加工、储运，一直是利用的重点，2020年版《中国药典》中黄精药用部位为根茎。目前，叶、花、实没有列入药食同源物质或新食品原料，很少在市场流通。

（四）采收与加工变迁

根茎的采收时期亦有变化。汉末《名医别录》记载"二月采根"，直至宋代《本草图经》改为"二月采根，今通八月采"。2020年版《中国药典》规定"春、秋二季采挖"。上述采收期，实际上是兼顾药材质量与野生资源地上可见部分而定。而事实上，黄精药材分布广泛、多基原物种入药，地上部分刚枯萎时根茎积累的多糖与浸出物最高，相同物种不同区域或相同区域不同物种生长发育时期存在差异，不宜以月份或季节简单划分采收期；并且随着黄精人工栽培面积的扩大，采收可以不依赖地上部分，而依据物候期规定"地上部分枯萎后，9月至翌年2月采收"更科学。

根茎的加工方法有多种。《名医别录》等本草均记载："阴干。"因为鲜黄精根茎有一种涩味，会刺激喉咙，并可能引起过敏反应。《食疗本草》记载："凡生时有一硕，熟有三四斗。蒸之若生，则刺人咽喉。曝使干，不尔朽坏。其生者，若初服，只可一寸半，渐渐增之。十日不食，能长服之，止三尺五寸。服三百日后，尽见鬼神。"其中还首次记载了"九蒸九曝"的炮制方法，其后本草沿用《名医别录》记载。《本草图经》记载："二月采根，蒸过曝干用。今通八月采，山中人九蒸九曝，作果卖，甚甘美，而黄黑色。"其后《证类本草》等均沿用《本草图经》记载，明确提及了多种炮制方法，包括煮或蒸后晒干、九蒸九晒、佐以黑豆炮制熬膏等。2020年版《中国药典》记载："置沸水中略烫或蒸至透心，干燥。"

（五）黄精的现代研究趋势

在20世纪80年代以前，黄精的科学研究一直很有限，仅有少量中文文献对黄精药材进行介绍，未见外文文献。1980年首次报道了黄精多糖、低聚糖的成分，其后陆续有一些简单的化学、临床应用研究，1988年首见有关黄精炮制前后某些化学成分变化的报道。进入21世纪，黄精研究逐渐兴起，先是黄精化学成分的研究，后是黄精功效的验证，2016年开始黄精育种、栽培、药理等的系统研究进入高潮阶段（图1-2）。2023年，有118篇学位论文、369篇中文和105篇英文期刊文献是关于黄精的，集中反映了人们对黄精营养和药用价值的兴趣。朱玉贤院士和斯金平教授等2021年在《中国科学：生命科学》首次报道黄精不含淀粉且营养多元，提出了黄精是一种解决显性饥饿与隐性饥饿潜力巨大的作物。2024年，蒋剑春院士和斯金平教授等在《中国工程科学》发表了有关黄精作为新兴林粮的发展战略研究文章，提出黄精以食养生、以食疗病、以药治病均大有作为，其中以食养生更有作为，是一种潜力巨大的新兴林粮。2024年 *Science China Life Sciences* 刊出的 Huangjing is not only a good medicine but also an affordable healthy diet 再次提出"黄精是良药更是美食"的观点。

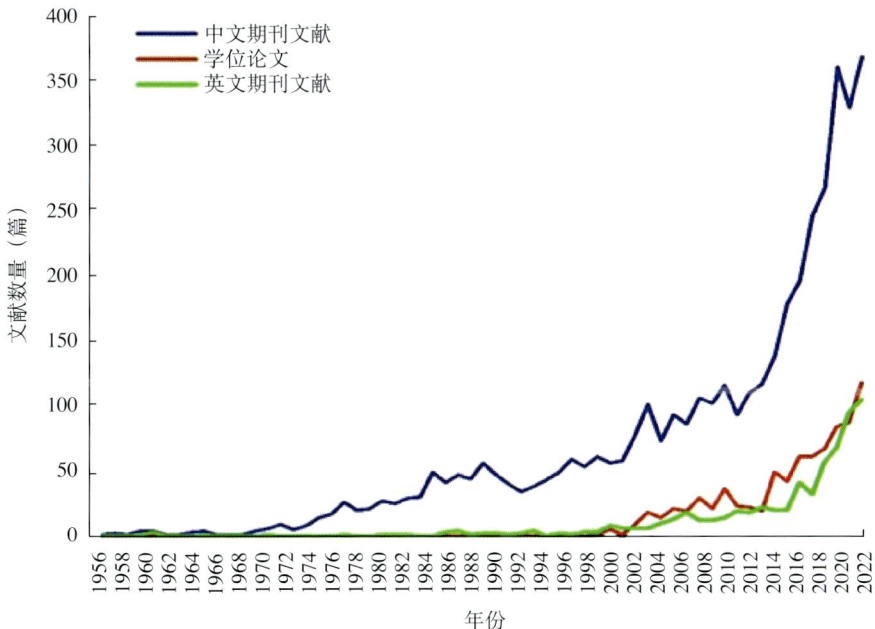

图1-2 与黄精有关的文献数量变化

二、健康膳食与生物经济时代

（一）全球粮食安全与营养状况概要

2024年7月24日，联合国粮食及农业组织（Food and Agriculture Organization of the United Nations，FAO）、国际农业发展基金（International Fund for Agricultural Development，IFAD）、联合国儿童基金会（United Nations International Children's Emergency Fund，UNICEF）、世界卫生组织（World Health Organization，WHO）和世界粮食计划署（World Food Programme，WFP）在巴西二十国集团全球反饥饿与贫困联盟工作组部长级会议期间发布2024年《世界粮食安全和营养状况》报告。该报告指出，全球饥饿水平连续第3年居高不下，全球消除饥饿的步伐不进反退，食物不足水平倒退15年，相当于2008—2009年的水平，2023年全球有7.13亿~7.57亿人面临饥饿，中位数高达7.33亿，比2019年增加约1.52亿人，相当于全球每11人中有1人面临饥饿。2022—2023年，西亚、加勒比和非洲大多数区域饥饿形势呈现加剧趋势，就饥饿人口比例而言，非洲持续攀升（20.4%），亚洲虽然保持平稳（8.1%），但因区域内饥饿人口占全球半数以上，依然面临严峻挑战，同时拉丁美洲取得一定进展（6.2%）。非洲每5人中有1人面临吃饭难问题，饥饿人口比例是全球平均的两倍多。

同时，世界各地民众获取健康膳食的能力出现减弱，全球1/3以上人口面临因经济拮据而无力负担健康膳食的严峻问题。世界卫生组织将营养素摄入不足或营养失衡称为"隐性饥饿"。2022年，全球超过28亿人无力负担健康膳食，这在低收入国家中表现极为显著，无力负担健康膳食的人口比例高达71.5%，相比之下，高收入国家的比例仅为6.3%。由于膳食中长期缺少人体必需的微量营养素，5岁以下儿童发育迟缓率仍达22.3%，儿童消瘦发生率没有显著改善，这是最为致命的营养不良形式，会将儿童死亡风险提高12倍。2023年《柳叶刀》在线发表了全球疾病负担研究的一项成果，分析1990—2021年全球糖尿病负担，并对2050年做出了预测。分析显示，2021年，全球有5.29亿糖尿病患者，年龄标化患病率为6.1%。中国糖尿病患者人数排名第一，占全球的1/4，约为1.41亿人。预计到2050年，全球将有13.1亿糖尿病患者。大约有70%的慢性疾病与隐性饥饿有关。FAO、IFAD、UNICEF、WHO和WFP五大机构，2020—2024年连续5年发布的《世界粮食安全和营养状况》，主题均为"健康膳食"。

（二）中国粮食安全与营养状况

2023年12月18日，由国家食物与营养咨询委员会、中国农业科学院主办，在北京召开的中国食物与营养创新发展论坛发布了《2023年中国食物与营养发展报告》（以下简称《报告》）。《报告》显示，2022年我国食物生产与营养供给呈现3个显著特点：一是食物生产稳中有升，粮食生产量持续增加，菜篮子不断充实，蔬菜、水果和肉蛋奶产量稳定增加；二是主要食物进口减少；三是营养供给持续改善，能量、脂肪供给量相对稳定，蛋白质供给量持续增长，而来源于动物性食物的营养供给呈现快速增长。

同时，以营养健康为导向，推动食物系统转型面临诸多挑战，食物的生产供给、食物生产方式、生产加工技术体系以及国民饮食理念等方面不适应消费升级的需求。建议在确保我国食物供给数量安全的基础上，要更加重视食物质量安全和营养安全，要着力完成好四大任务，一是创新食物供给方式，提高国内食物供给保障能力，二是推动食品营养化高值化加工，三是引导建立区域特色可持续膳食模式，四是不断提升跨国食物供应链的韧性和安全水平。另外，提出推进我国食物系统加快转型升级的五方面措施，一是强化政策支撑，加快食物系统政策向绿色、低碳转型；二是大力加强营养型农业科技创新和农产品营养标准体系建设；三是大力推进营养化食物加工技术研发；四是大力加强食物营养制度体系建设；五是大力开展食物营养教育示范行动。

（三）大健康与生物经济时代

1. 大健康时代

什么是"健康"？世界卫生组织（WHO）早在1948年的成立宣言中将"健康"定义为"Health is a state of complete physical, mental and social well-being and not merely the absence of disease or infirmity"。此定义在WHO网站上表述为："健康不仅为疾病或羸弱之消除，而系体格、精神与社会之完全健康状态。"这样的表述，很符合70年前的阅读习惯。但现在时代不同了，为了让公众更容易读懂和把握WHO的定义，可将其通俗地翻译成："健康不仅是不生病或不衰弱，还是身体的、精神的和社会的完好状态。"WHO的健康定义逐渐形成了广泛的国际共识，促使19世纪后半期新兴学科——医学社会学的诞生，并从20世纪末逐渐转型为健康社会学，由此也催生了健康社会政策。1992年，WHO在《维多利亚宣言》中又提出了人类健康的四大基石："合理膳食、适当运动、戒烟限酒和心理平衡。"

在不同的历史发展阶段，人们对健康的认识随着生产、生活和社会结构的变化而变化。比如美国，1875—1925年是环境时代，健康焦点是天花免疫接种、外科消毒、公共卫生服务；1925—1950年是医药时代，健康焦点是磺胺药、青霉素、抗结核药物的广泛使用；1950—1980年是生活方式时代，健康焦点是心脏外科手术、心脏移植、冠状动脉搭桥。30年后，2009年，美国总统奥巴马这样阐述和呼吁改革美国的医药卫生体制——"正是医疗领域过高的成本，构成了对我们经济的巨大威胁。这是摆在我们家庭和企业面前的越来越高的障碍，是摆在联邦政府面前的一颗棘手的定时炸弹，更是美国的生命不可承受之重。"第二次世界大战后，美国经济高速发展，孰料心脑血管病、糖尿病等富贵病也随之而来，这种困扰至今仍在。发达国家将重点转移到预防领域，就是为了应对生活方式变化带来的挑战。中国也存在同样的健康挑战，亚健康人群增多、慢性疾病发病率上升、重大公共卫生事件时有发生等频敲警钟，社会大众越来越清楚慢性疾病如高血压、糖尿病、癌症等利用单纯的医学手段其实无法治愈，很多疾病是不良的生活方式造成的。另外面对复杂多变的健康威胁，医疗不再是唯一解决之法，可信赖的解决之道其实更多是社会方案，譬如公共卫生和健康管理。因此，出现了"大健康"的概念。

"大健康"的概念，最早在1991年就出现了，但直到2016年的全国卫生与健康大会上，习近平总书记强调，要树立大卫生、大健康的观念，把以治病为中心转变为以人民健康为中心，大健康的理念才在全国范围内得以广泛传播。但是，从理论工作者到实际工作者，似乎离开"医疗"和"疾病"来谈论健康，都会感到不适应。可喜的是，近年来随着与饮食相关的慢性疾病蔓延全球，越来越多的国家开始尝试采取"食物即药物"的干预措施，来帮助患者和医生更好地控制管理疾病。"食物即药物""药物只能控制慢性疾病，而不是治愈；营养才是根本，才能治愈慢性疾病"等观点越来越成为人们的共识。在美国，这些干预措施越来越常见，其他国家也开始在一定范围内进行试点，具体包括医疗定制餐、医疗定制食材以及农产品处方计划（produce prescription programmes）。在中国，《"健康中国2030"规划纲要》明确提出，坚持以人民为中心的发展思想，坚持正确的卫生与健康工作方针，以提高人民健康水平为核心，以普及健康生活、优化健康服务、完善健康保障、建设健康环境、发展健康产业为重点，把健康融入所有政策，加快转变健康领域发展方式，全方位、全周期维护和保障人民健康，大幅提高健康水平，显著改善健康公平。

2. 生物经济时代

生物经济是以生命科学与生物技术的研究、开发、应用为基础，建立在生物技术产品和产业之上的经济，是一个与农业经济、工业经济、信息经济相对应的新的经济形态，是国民经济的重要组成部分。生命科学与生物技术的发展推动了生物经济概念、发展观及发展平台的形成，促进了生物经济时代的来临。生物经济时代是生物经济发展到成熟阶段后以其为主导而形成的人类经济社会发展的特定历史时期。目前正处在信息经济时代的中间站，并以1953年DNA双螺旋结构发现和2000年人类基因组破译完成为标志，进入了生物经济的孕育和成长阶段。生物经济是继农业经济、工业经济、信息经济之后，人类经济社会发展的第四次浪潮。一个新的经济时代的来临，必将使人类经济生产与生活方式发生根本性变革。生物经济为农业、健康医疗、能源、环境等产业的绿色革命创造了新的可持续发展平台、政策环境与时代背景，正在勾勒人类社会未来发展的美好蓝图。

我国是全球生物资源最丰富、生命健康消费市场最广阔的国家之一，一些生物技术产品和服务已处于第一梯队，依托强大国内市场、完备产业体系、丰富生物资源和显著制度优势，生物经济发展前景广阔。

党的十八大以来，我国生物经济发展取得巨大成就，产业规模持续快速增长，门类齐全、功能完备的产业体系初步形成，一批生物产业集群成为引领区域发展的新引擎。生物领域基础研究取得重要原创性突破，创新能力大幅提升。生物安全建设取得历史性成就，生物安全政策体系不断完善，积极应对生物安全重大风险，生物资源保护利用持续加强，为加快培育发展生物经济打下了坚实基础。"十四五"时期是我国开启全面建设社会主义现代化国家新征程、向第二个百年奋斗目标进军的第一个五年，也是生物技术加速演进、生命健康需求快速增长、生物产业迅猛发展的重要机遇期。2022年5月10日，国家发展改革委印发《"十四五"生物经济发展规划》，明确紧紧围绕生命科学和生物技术发展变革趋势，聚焦面向人民群众在医疗健康、食品消费、绿色低碳、生物安全等领域更高层次需求和大力发展生物经济的目标，充分考虑生物技术赋能经济社会发展的基础和条件，优先发展四大重点领域。

顺应"以治病为中心"转向"以健康为中心"的新趋势，发展面向人民生命健康的生物医药，满足人民群众对生命健康更有保障的新期待。着眼提高人民群众健康保障能力，重点围绕药品、疫苗、先进诊疗技术和装备、生物医用材料、精准医疗、检验检测及生物康养等方向，提升原始创新能力，加强药品监管科学研究，增强生物医药高端产品及设备供应链保障水平，有力支撑疾病防控救治和应对人口老龄化，建设强大的公共卫生体系和深入实施健康中国战略，更好保障人民生命健康。

顺应"解决温饱"转向"营养多元"的新趋势，发展面向农业现代化的生物农业，满足人民群众对食品消费更高层次的新期待。着眼保障粮食等重要农产品生产供给，适应日益多元的营养健康食物等消费需求，重点围绕生物育种、生物肥料、生物饲料、生物农药等方向，推出一批新一代农业生物产品，建立生物农业示范推广体系，完善种质资源保护、开发和利用产业体系，更好保障国家粮食安全、满足居民消费升级和支撑农业可持续发展，构建更加完善的全链条食品安全监管制度，确保人民群众"舌尖上的安全"。

顺应"追求产能产效"转向"坚持生态优先"的新趋势，发展面向绿色低碳的生物质替代应用，满足人民群众对生产方式更可持续的新期待。着眼加快建设美丽中国目标，重点围绕生物基材料、新型发酵产品、生物质能等方向，构建生物质循环利用技术体系，推动生物资源严格保护、高效开发、永续利用，加快规模化生产与应用，打造具有自主知识产权的工业菌种与蛋白元件库，推动生物工艺在化工、医药、轻纺、食品等行业推广应用，构建生物质能生产和消费体系，推动环境污染生物修复和废弃物资源化利用，确保生态安全和能源安全。

顺应"被动防御"转向"主动保障"的新趋势，加强国家生物安全风险防控和治理体系建设，满足人民群众对生物安全更好保障的新期待。着眼贯彻总体国家安全观、统筹发展和安全的要求，重点围绕国家生物安全风险防控和治理体系建设，完善顶层设计，构建国家生物安全法律法规制度体系，加强重大新发突发传染病、动植物疫情疫病防控和救治能力建设，全面提高国家生物安全保障能力。积极参与生物安全全球治理，同国际社会携手应对日益严峻的生物安全挑战，加强生物安全政策制定、风险评估、应急响应、信息共享、能力建设等方面的双多边合作交流，为世界贡献中国智慧、提供中国方案。

三、黄精产业前景

（一）黄精不含淀粉、营养多元，服务生命健康潜力巨大

近年来，随着与饮食相关的慢性疾病越来越多，通过"食物即药物"的"营养多元"干预措施，实现从粮食安全向营养安全的转变已成为全球共识。黄精作为我国传统药食两用植物，其根茎不含淀粉，含约50%的多糖（以能够降解为低聚果糖、果糖、葡萄糖的特异果聚糖为主）、6.7%～11.6%的蛋白质（与主要粮食作物相当）、2.73%～5.01%的甾体皂苷、0.89%～1.68%的三萜皂苷，还含有黄酮、异黄酮和高异黄酮等黄酮类化合物，是少有的可以当饭吃、当菜

吃、当茶喝的药食同源物质，具有"以食养生""以食疗病""以药治病"等多重功效，顺应"以治病为中心"转向"以健康为中心"及"解决温饱"转向"营养多元"的生物经济新趋势，对推进健康中国建设、保障人民健康乃至全球健康治理均具有重大意义。

（二）黄精栽培不争林地，藏粮于林下潜力巨大

我国人多地少，粮食始终处于紧平衡状态。"森林四库"，积粮为库，要端稳中国饭碗。国家发展改革委等发布的《关于科学利用林地资源 促进木本粮油和林下经济高质量发展的意见》（发改农经〔2020〕1753号）提出，大力发展木本粮油及林下经济。事实上，在人类早期发展阶段，森林赋予了人类进化过程中所需的主要食物。在人类文明高度发达的今天，板栗、核桃、枣、山茶油、榛子、竹笋、香菇、木耳等森林食品更是人们膳食的重要补充。但板栗、核桃、山茶油等经济林发展空间已经受到林地资源和市场容量的限制，据《中国林业和草原统计年鉴》和相关统计资料，至2023年底，我国核桃种植面积11 180万亩[*]，产量540万t，油茶7 300万亩，产量337万t，板栗4 500万亩，产量228万t，红枣1 800万亩，产量800万t，枸杞183万亩，产量140万t；香菇、木耳等需要消耗林木资源，而黄精现有种植面积约200万亩，产量约5万t，并且适合林下种植，不争林地，既减轻对耕地、林地的压力，又不消耗林木资源，市场空间潜力也十分巨大。

利用现有技术，如果5%国家储备林、经济林林下种植黄精，其年产量可在3×10^6 t以上，约占全国薯类总产量的10%、粮食总产量的0.5%。事实上，随着科技进步，黄精单产与栽培面积均有很大的增长空间。这将为保障国家粮食安全、降低健康膳食成本、确保所有人都能公平获取更经济实惠的健康膳食开辟一条新的路径。着眼世界范围，全球许多林地资源均有开发潜力，借助"一带一路"的辐射和推广，"藏粮于林下"的策略可以为全世界，特别是非洲地区，提供解决粮食问题的中国方案。

（三）黄精适合千家万户种植、加工，助力乡村产业振兴潜力巨大

山区交通不便、山多田少、产业基础薄弱，绝大部分青壮年劳动力外出打工，农村留守的大多是老人、妇女和儿童，这部分人受教育程度低、科技水平差、与外界联系少，再加上市场观念弱、思想意识和观念陈旧，并且没有特色产业支撑，从而成为推进共同富裕的难点和重点所在。

---

[*] 亩为非法定计量单位，1亩＝1/15hm²。——编者注

黄精种植技术相对简单、劳动强度相对较低，非常适合山区产业基础薄弱、科技水平差的留守老人和妇女经营。近年来，黄精干品统货在市场流通环节中的销售价格较稳定，约为75元/kg，生品价格为10～25元/kg。发展黄精林下种植模式，种植3 000株/亩，5年采收，生产成本约为1万元/亩，可产干品500kg/亩，产值为3.75万元/亩，第二轮种植时，种苗可以自给，成本更低，效益更好，在浙江磐安、湖南新化、江西铜鼓、重庆秀山等产区巩固脱贫攻坚成果中发挥了重要作用。黄精九蒸九晒产品及各种添加黄精的特色食品，也非常适合农户进行加工操作，并实现产值翻番。此外，在乡村旅游中，可全方位延伸黄精产业链，如推出黄精古法蒸制体验、黄精御宴体验、黄精研学活动等，推动乡村产业振兴，促进共同富裕。良好的效益能够极大地提升地方政府、群众、企业发展黄精产业的内生动力，福建、安徽、陕西、湖南、江西、湖北等省份先后将黄精列为"福九味""十大皖药""十大秦药""湘九味""赣食十味""十大楚药"等进行重点发展。发展黄精产业，对推进共同富裕具有重要意义。

第二章　黄精亦药亦食的物质基础

　　人类饮食与健康息息相关，饮食在辅助治疗疾病、延缓乃至改变衰老表征的过程中发挥着难以想象的作用。中国中医药自古以来就有"药食同源"理论，其渊源可以追溯到上古时期。《千金食治》《食疗本草》《饮膳正要》《食物本草》《食鉴本草》等古籍均体现了中国传统文化中对药物和食物之间的联系与认知——"药可入膳，食亦可为药。"

　　随着与饮食相关的慢性疾病蔓延全球，全世界每5起死亡就有1起是由不良饮食引起的，其风险远远高于包括烟草在内的其他风险因素。因此，越来越多的国家开始尝试采取"厨房代替药房""食物即药物"的干预措施，以此来预防、管理和治疗疾病，并证明饮食对衰老和代谢健康的影响比被大众熟知的二甲双胍、雷帕霉素和白藜芦醇等抗衰老物质更大，饮食能够更好地帮助患者和医生控制管理疾病。

　　目前水稻、小麦和玉米3种主要粮食作物为人类提供了50%以上的热量，但它们的营养物质主要为淀粉，营养成分单一，不能满足健康膳食的需求。FAO正在利用农业生物多样性来确定既多产又有营养的新一代作物，而黄精具有明显的特色和优势。现代研究表明，黄精根茎不含淀粉，富含复杂结构的果聚糖，以及多种其他营养功效成分，并且花、叶、嫩芽所含物质基础同样丰富。

一、黄精营养与功效物质概述

　　黄精含有丰富的多糖、脂类、氨基酸、蛋白质、矿物质、甾体皂苷、三萜皂苷、高异黄酮、黄酮、生物碱和其他次生代谢产物。黄精根茎不含淀粉，最主要的糖类是果聚糖，其热量明显低于水稻、小麦、甘薯、马铃薯和山药等主要农作物，而营养成分含量却更高。在加工过程中，营养物质和次生代谢产物还能发生一系列的变化。

（一）黄精根茎不含淀粉

黄精根茎与水稻、小麦、玉米、马铃薯、甘薯等粮食作物的糖类含量相当，约为65%，但主粮中糖类主要为淀粉，而黄精根茎不含淀粉（图2-1），主要糖类为非淀粉多糖与寡糖。黄精非淀粉多糖由果糖、葡萄糖、半乳糖、甘露糖、木糖、阿拉伯糖、鼠李糖、葡萄糖醛酸和半乳糖醛酸等单糖组成，其中果糖是主要成分，野生材料中果糖含量占多糖的24.6%~63.1%，在鸡头黄精、多花黄精、滇黄精和大叶滇黄精中果糖含量分别占多糖的30%~49%、25%~63%、32%~49%和25%~38%，在人工栽培的材料中可能更高。此外，还含有低聚糖、双糖和单糖。

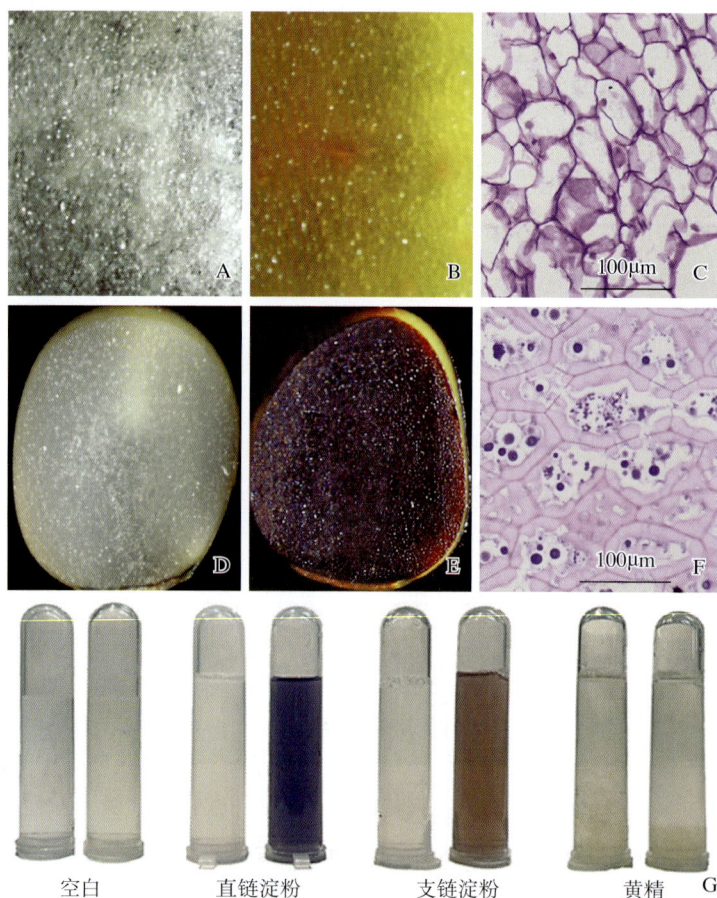

图2-1　多花黄精种子和根茎碘染实验和细胞学观察

A.黄精根茎组织　B.黄精根茎碘染　C.黄精根茎透射电子显微镜观察　D.黄精种子
E.黄精种子碘染　F.黄精种子透射电子显微镜观察　G.淀粉及黄精溶液碘显色

（二）黄精根茎与主要作物营养功效物质比较

黄精根茎中约含果聚糖55%，其他多糖5%，单糖和双糖5%，加工后可得单糖和双糖总量约46%，能量值约为主粮的67.5%；蛋白质和氨基酸含量约为10%，所含氨基酸包括精氨酸、亮氨酸、苏氨酸、甘氨酸和赖氨酸等；脂肪含量约为1%（图2-2）。蛋白质、氨基酸、脂肪含量与主粮相当（表2-1）。

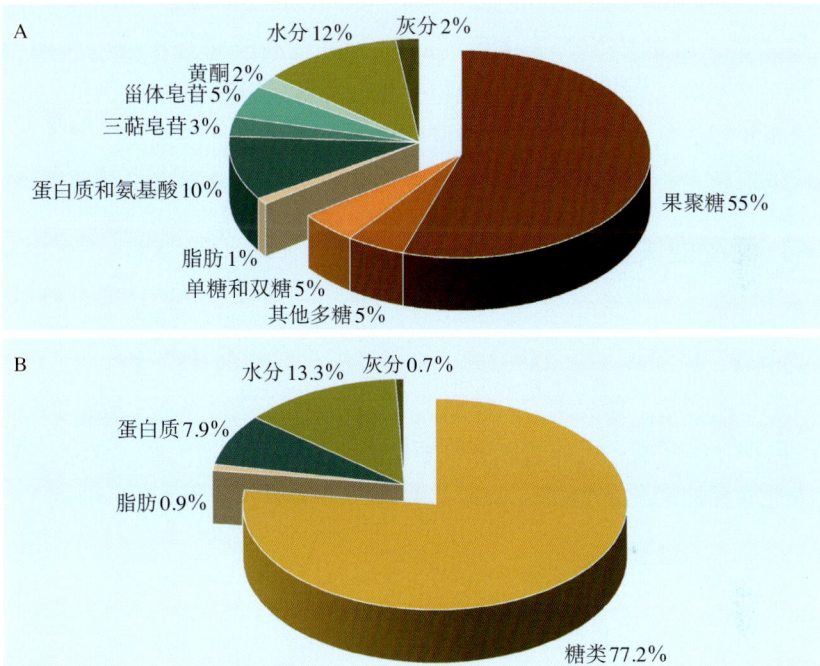

图2-2　黄精与大米主要营养功效物质比较

A.黄精根茎　B.大米

表2-1　黄精与常见杂粮及果蔬营养成分比较（每100g含量）

食物	能量 （kJ）	蛋白质 （g）	脂肪 （g）	糖类 （g）	水 （g）	灰分 （g）	黄酮 （g）	皂苷 （g）	Ca （mg）	P （mg）	K （mg）	Na （mg）	Mg （mg）	Fe （mg）
制黄精	976	10.0	1.0	65.0	12.0	2.0	2.0	8.0	322	120	282	4.0	62	13.2
大米	1 453	7.9	0.9	77.2	13.3	0.7			8	112	112	1.8	31	1.1
小麦	1 416	11.9	1.3	75.2	10.0	1.6			34	325	289	6.8	4	5.1
甘薯	1 439	4.7	0.8	80.5	12.1	1.9			112	115	353	26.4	102	3.7
马铃薯	1 437	5.7	0.5	80.7	11.4	1.7			39	87	267	22.6	51	2.4
山药	1 368	9.4	1.0	70.8	15.0	3.8			62	17	269	104.2	0	0.4

黄精根茎中还含有丰富的皂苷、黄酮和生物碱等次生营养与功效物质，而主要农作物中很少含有这些物质（图2-2）。其中甾体皂苷含量约为5%，三萜皂苷含量约为3%，黄酮含量约为2%。此外，还含有矿质元素、水分等物质，其中Ca、K含量特别丰富。

二、黄精根茎中的糖

糖是人类重要的物质，人体所需的70%左右的能量直接或间接由糖提供，史前人类就已知道从鲜果、蜂蜜、植物中摄取甜味物质，后发展为从谷物中制取饴糖，继而发展为从甘蔗、甜菜中制取糖等。但过量摄入游离糖，对人类健康的不利影响越来越大，会引起肥胖、动脉硬化、高血压、糖尿病以及龋齿等疾病。

（一）糖及相关概念

1. 糖及分类

糖类由碳、氢和氧3种元素组成，由于其所含氢氧的比例为2∶1，和水一样，故又称为碳水化合物。糖类是为人体提供热量的3种主要营养素中最廉价的营养素。食物中的糖类分成两类：人体可以吸收利用的有效糖类，如单糖、双糖、寡糖、淀粉；人体不能直接消化的糖类，如葡甘聚糖、果聚糖、纤维素等（图2-3）。

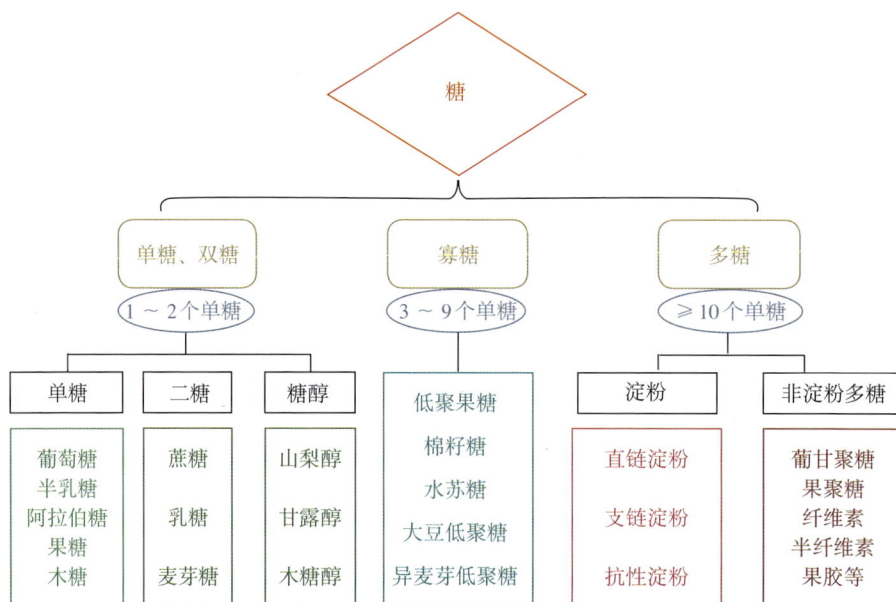

图2-3　糖的分类

2. 游离糖定义及危害

世界卫生组织（WHO）和联合国粮食及农业组织（FAO）1989年确定了游离糖这一术语，2002年进行了更新，2019年进一步修订了这一术语，将游离糖定义为：包括由生产商、厨师或消费者在食品中添加的单糖和双糖以及天然存在于蜂蜜、糖浆、果汁和浓缩果汁中的糖分。

游离糖会增大膳食的总体能量密度，致使能量过剩。摄入游离糖，尤其是通过饮用含糖饮料摄入游离糖，可能会降低含更适宜营养热量食品的摄入，导致不健康饮食，体重增加，并加剧非传染性疾病患病风险，另外，"嗜甜"会明显提高龋齿的患病概率。

世界卫生组织建议在整个生命历程中减少游离糖摄入量，成人和儿童游离糖摄入量应降至摄入总能量的10%以下，并可进一步将摄入量降至5%以下。

3. 内源糖定义及健康功效

存在于谷物、蔬菜、水果和奶制品等大多数食物中的天然糖被称为内源糖，世界卫生组织认为它们被植物细胞壁和膳食纤维包裹。由于细胞壁的存在，内源糖的消化速度往往比游离糖慢，进入血液的时间也更长。这意味着内源糖对血糖和胰岛素水平的影响较小。

4. 膳食纤维定义与健康功效

膳食纤维包括不能被人体内源消化酶分解的低聚糖、木质素和多糖（抗性淀粉、非淀粉多糖），以及抵抗人体内源消化酶的植物组分残留部分。膳食纤维与糖类都是由碳、氢、氧构成，并广泛存在于蔬菜、水果、谷类和菌类食物中，营养学上将膳食纤维单列为第七类营养素（图2-4）。

5. 无糖食品

GB 28050—2011《食品安全国家标准 预包装食品营养标签通则》规定，"无糖或不含糖"是指固体或液体食品中每100g或100mL的糖含量不高于0.5g。

国际通用的概念是，无糖食品不能加入蔗糖和来自淀粉水解物的糖，包括葡萄糖、麦芽糖、果糖、淀粉糖浆、葡萄糖浆、果葡糖浆等。但是，它必须含有相应于糖的替代物，一般采用糖醇或低聚糖等不升高血糖的能替代蔗糖的甜味剂。

目前市场上可用于替代蔗糖的甜味剂种类较多，如常见的赤藓糖醇（元气森林）、阿斯巴甜（可口可乐）、木糖醇、三氯蔗糖、安赛蜜等。天然高倍甜味剂中，主流产品为甜菊糖苷、罗汉果甜苷。

为什么要替代呢？无糖食品两个主要好处是热量低、升糖慢，同时满足消费者对食物美味好吃的核心诉求。

但所谓"无糖食品"实质上是"未加蔗糖和来自淀粉水解物糖的食品"，食

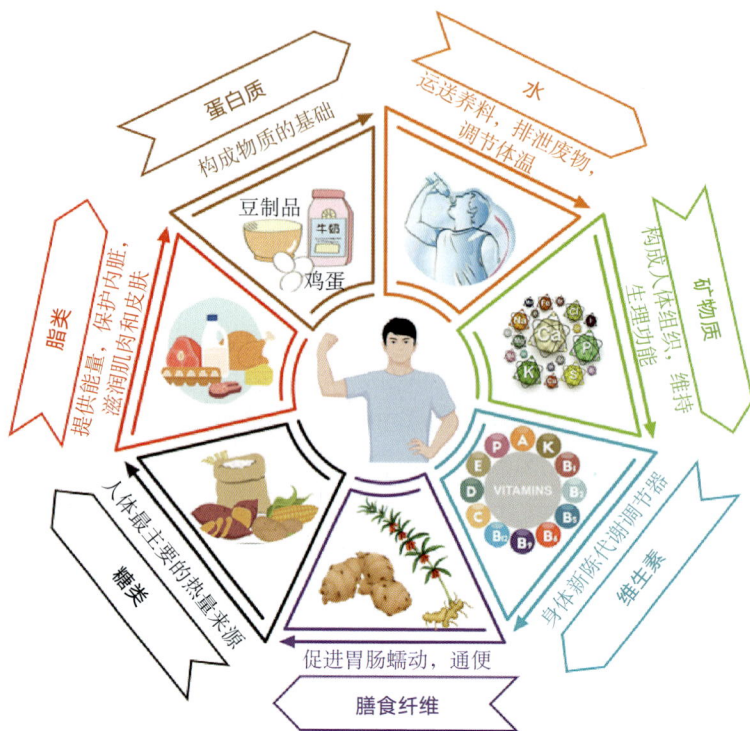

图2-4　人体七大营养素

物中原有的糖类成分依然存在。只要有糊精或来自大米、白面的精制淀粉，就会有热量，就会升高血糖。

黄精天然含有大量的果糖，果糖甜度是蔗糖的1.2～1.8倍，并且在低温时甜度增加，为创制新型无糖食品提供了新思路。

（二）黄精多糖和寡糖

目前已从黄精属药用植物中分离鉴定了64种多糖和寡糖（表2-2）。黄精多糖聚合度不高，由高效凝胶柱色谱（HPGPC）谱图整体轮廓可知，多花黄精、鸡头黄精和滇黄精多糖具有较高的相似性，均以重均分子质量（M_W）$2.8 \times 10^3 \sim 5.4 \times 10^3$ u的组分为主峰，而与黄精属另一个常用药用植物玉竹有明显区别。根据大叶滇黄精不同种源HPGPC谱图，大叶滇黄精多糖按重均分子质量大小分为P1（2.02×10^7 u）、P2（5.09×10^6 u）、P3（1.37×10^6 u）、P4（4.73×10^5 u）和P5（5.11×10^3 u）5个组分，P5含量最高，目前分离鉴定的黄精多糖和寡糖中，以果聚糖、半乳聚糖、葡聚糖、甘露聚糖为主链的糖类结构最为多见，分子质量分布稍广泛，为$1.47 \times 10^3 \sim 8.50 \times 10^4$ u。

表2-2 黄精属植物多糖和寡糖的单糖组成、重均分子质量和结构单元

编号	来源	组分名称	单糖组成（摩尔比）	重均分子质量（u）	结构单元
1	玉竹	odoratan	Fru : Man : Glc : GalA = 6.0 : 3.0 : 1.0 : 1.5	5.00×10^5	NA
2	玉竹	fructan O-A	Fru : Glc = 97.5 : 2.6	4.94×10^3	NA
3	玉竹	fructan O-B	Fru : Glc = 48.1 : 1.9	4.32×10^3	NA
4	玉竹	fructan O-C	Fru : Glc = 95.3 : 4.8	3.12×10^3	NA
5	玉竹	fructan O-D	Fru : Glc = 90.4 : 9.6	1.75×10^3	NA
6	玉竹	POPS-B1	Glc : Man = 2.32 : 1.0	2.80×10^3	NA
7	玉竹	CPP	Glc : Man : GlcN : Rha : Gal : Ara = 65.93 : 7.80 : 1.08 : 1.63 : 3.58 : 1.00	NA	NA
8	玉竹	HPP	Glc : Man : GlcN : Rha : Gal : Ara = 17.59 : 11.22 : 0.23 : 0.23 : 2.73 : 9.10	NA	NA
9	玉竹	NA	Man : Glc = 5.0 : 1.0	1.21×10^5	NA
10	玉竹	POAP 80	GalA : Man : Glc : Gal = 29.38 : 0.93 : 2.65 : 3.47	NA	NA
11	玉竹	POA-70P	大量 Man、Glc、Gal 和少量 Ara、GalA	4.50×10^4	NA
12	玉竹	POA-70S	大量 Fru 和少量 Fuc、Glc、Man	3.90×10^3	NA
13	玉竹	POP-a1	NA	2.73×10^3	NA
14	玉竹	POAP60-I	Glc : Man : Rha : Gal : Ara : GalA = 12.61 : 1.00 : 0.82 : 4.87 : 2.23 : 0.22	NA	主链：2→6 Man*p*，1→6 Glc*p*，1→4 Glc*p*，1→6 Gal*p* 侧链：Glc*p* 1→
15	玉竹	NPOP60-I	Glc : Man : Gal = 12.07 : 1.00 : 9.55	NA	主链：1→6 Glc*p*，1→2 Glc*p*，1→6 Gal*p* 侧链：Man*p* 1→
16	玉竹	POP-1	Fru : Glc = 30.0 : 1.0	5.10×10^3	主链：2→1 Fru*f* 侧链：2→6 Fru*f*，内部 Glc*p*
17	玉竹	POP-1	Fru 和 Glc	5.00×10^3	主链：2→1 Fru*f* 侧链：2→6 Fru*f*，内部 Glc*p*
18	鸡头黄精	PSW3A-1	GalA : Rha : Gra : Xyl : Gal = 5.0 : 4.3 : 1.5 : 1.0 : 4.0	2.00×10^5	NA
19	鸡头黄精	PSW2A-1	Gal : Rha : Ara : GalA = 4.3 : 1.7 : 1.0 : 1.4	3.60×10^5	NA

（续）

编号	来源	组分名称	单糖组成（摩尔比）	重均分子质量（u）	结构单元
20	鸡头黄精	PSW4A	Gal：Rha：Ara：GalA =1.9：1.0：1.4：0.8	3.20×10^5	NA
21	鸡头黄精	PSW5B	Gal：Rha：Ara：Glc =3.4：1.0：1.5：1.3	1.80×10^5	NA
22	鸡头黄精	PSW-1a	Man：Gal = 88.8：11.2	NA	主链：1→4 Manp 侧链：Manp 1→
23	鸡头黄精	PSPJWA	Gal：Ara：Rha =14.0：4.0：1.0	1.41×10^5	Araf-(1→、→5)-Araf-(1→、→3, 5)-Araf-(1→、Galp-(1→、→4)-Galp-(1→、→4, 6)-Galp-(1→和(2, 4)-Rhap-(1→
24	鸡头黄精	PSP50-2-1	Gal：Glc：Fru =53.22：15.29：31.18	7.70×10^3	主链：Glcp-(1→、→2)-Galp-(1→、→2,6)- Galp-(1→、Fruf-(2→
25	鸡头黄精	PSP50-2-2	Gal：Glc：Fru =64.85：27.22：7.92	7.00×10^3	主链：Glcp-(1→、Galp-(1→、→2)-Galp-1→、→6)-Galp-(1→、→2, 6)-Galp-(1→、Fruf-(2→
26	鸡头黄精	PSP-1-A	Gal：Glc：Rha：Xyl：Ara：Man =93.8：1.4：1.3：1.5：1.1：0.9	8.64×10^3	主链：Galp
27	鸡头黄精	PSP1	Gal：Man：Glc = 82.91：14.96：2.13	4.40×10^3	NA
28	鸡头黄精	PSP2	Gal：Rha：Glc：Xyl =74.37：20.54：2.06：3.03	2.20×10^3	NA
29	鸡头黄精	PSP3	Rha：Man：Glc：Gal：Xyl =57.69：1.38：2.02：37.17：1.74	7.70×10^3	NA
30	鸡头黄精	PSP4	Rha：Man：Gal：Xyl =72.63：2.00：20.74：4.63	6.50×10^3	NA
31	鸡头黄精	PSW1B-b	Gal	2.80×10^4	NA
32	鸡头黄精	PSW-1b-2	Gal	4.20×10^4	主链：1→4 Galp 侧链：Galp 1→
33	鸡头黄精	PRO	Glc	1.47×10^3	以1→4键和1→6键作为直链连接，大部分组成的聚合键以β型连接，有少量α型连接
34	鸡头黄精	F_1	Man、Glc、Gal、Ara	1.03×10^5	主链：1→4 Manp和1→4 Glcp 侧链：Galp、Glcp

（续）

编号	来源	组分名称	单糖组成（摩尔比）	重均分子质量（u）	结构单元
35	滇黄精	PKS-1	Fuc：Man：Rib：GalA：GlcN hydrochloride：GlcA：Gal：Glc：Xyl：Ara＝173.7：111.3：32.2：55.5：35.7：67.4：15.0：3.4：0.1：70.7	8.50×10^4	NA
36	滇黄精	PKPS-1	Glc：Man：GalA：Gal：GlcA：Ara＝7.22：1.0：0.16：0.11：0.05：0.02	1.45×10^4	主链：(→1)、(1→2)、(1→6)、(1→4)Glc$p$ 和 (1→2)Man$p$
37	滇黄精	PKS-2	Man：GalA：GlcN hydrochloride：GlcA：Gal：Glc：Xyl：Ara：Fuc＝118.7：29.9：13.7：41.6：7.3：2.3：8.9：43.2：75.5	2.70×10^5	NA
38	滇黄精	PKS-3	Man：Rha：GalA：GlcN hydrochloride：GlcA：Gal：Glc：Xyl：Ara：Fru＝82.4：1.0：21.8：8.4：25.0：3.7：1.0：4.4：28.9：23.9	4.70×10^5	NA
39	滇黄精	PKP1	Glc	8.10×10^3	α-(1→4)由糖苷键连接，少量的短分支连接在O-6上
40	多花黄精	PCP-1	Fru：Glc＝28.0：1.0	5.00×10^3	主链：2→1 Fru$f$ 侧链：2→6 Fru$f$，内部 O-3 乙酰化的 Glc$p$
41	多花黄精	杂多糖	Fru：Glc＝8.7：1.0	8.90×10^3	NA
42	多花黄精	DPC1	Fru：Glc＝26.0：1.0	3.80×10^3	主链：2→1 Fru$f$ 侧链：2→6 Fru$f$，内部 Glc$p$
43	多花黄精	PCP-1	Glc：Man：Xyl：Ara＝17.53：1.00：7.02：0.27：0.59	2.97×10^3	主要包含β-糖苷键，含少量α-糖苷键和6个糖残基
44	多花黄精	PCP1	Man：Ara：Gal：Glc：GlcA：GalA＝33.5：2.1：24.0：20.7：0.5：19.3	2.09×10^3	NA
45	多花黄精	PCP2	Gal：Ara：Glc：Man：Xyl：GlcA：GalA＝59.8：18.5：9.0：2.3：0.4：5.3：4.7	3.86×10^4	NA
46	多花黄精	PCP3	Gal：Ara：Glc：Man：Xyl：GlcA：GalA＝58.7：22.2：3.9：4.9：0.5：8.5：1.5	4.26×10^4	NA
47	多花黄精	PCP4	Gal：Ara：Glc：Man：Xyl：GlcA：GalA＝61.3：21.0：2.7：6.7：0.4：7.9：0.1	3.43×10^4	NA

（续）

编号	来源	组分名称	单糖组成 （摩尔比）	重均分子 质量（u）	结构单元
48	多花黄精	PCP	Gal : Man : Rha : GalA : Glc = 0.37 : 0.19 : 0.19 : 0.16 : 0.15	5.10×10^3	含有 α-糖苷键和 β-糖苷键的吡喃环杂多糖
49	多花黄精	PCP11	Fru 和少量 Glc	8.55×10^3	主链：(2→1, 6)-Fru$f$、(2→6)-Fru$f$、(2→1)-Fru$f$ 和 (2→)-Fru$f$ 侧链：α-D-(1→)-Glc$p$
50	多花黄精	PCP-1	Fru、Glc	5.00×10^3	主链：2→1 Fru$f$ 侧链：2→6 Fru$f$，内部 O-3 乙酰化的 Glc$p$
51	多花黄精	PD	Fru	NA	主链：2→1 Fru$f$ 侧链：2→6 Fru$f$ 平均聚合度为 28
52	多花黄精	PPC1	Gal	3.24×10^3	主链：1→4 Gal，约每 9 个残基的 C-6 上有一个 Gal 分支
53	多花黄精	PCPs-1	Gal、Glc	1.30×10^4	NA
54	多花黄精	PCPs-2	Gal、Glc	1.39×10^4	NA
55	多花黄精	PCPs-3	主要为 Man	1.22×10^4	NA
56	多花黄精	PCP5	NA	2.41×10^4	NA
57	多花黄精	PP1	Gal	7.02×10^3	主链：1→4 Gal$p$，平均每 9 个残基的 C-6 上有一个 Gal 分支
58	多花黄精	DP1	Fru 和 Glc	3.50×10^3	主链：2→6 Fru$f$ 侧链：2→1 Fru$f$
59	多花黄精	PFOS	Fru : Glc : Gal : Ara : Man : Rha : GalA=89.89 : 5.26 : 1.67 : 0.42 : 0.47 : 0.49 : 1.80	3.00×10^3	—
60	多花黄精	PD	Fru : Glc = 27.0 : 1.0	4.55×10^3	主链：2→1 Fru$f$ 侧链：2→6 Fru$f$，内部 Glc$p$
61	多花黄精	PCP	Fru : Glc = 28.0 : 1.0	8.50×10^3	主链：2→1 Fru$f$ 侧链：2→6 Fru$f$，内部 Glc$p$
62	多花黄精	PSPW	Fru : Glc = 18.0 : 1.0	1.40×10^4	NA
63	多花黄精	PCPY-1	Fru : Glc = 15.0 : 1.0	4.20×10^3	主链：2→1 Fru$f$ 侧链：2→6 Fru$f$，内部 Glc$p$

（续）

编号	来源	组分名称	单糖组成（摩尔比）	重均分子质量（u）	结构单元
64	多花黄精	PCP95-1-1	Fru : Glc = 13.0 : 1.0	2.29×10^3	主链：2→6 Fru$f$ 侧链：2→1 Fru$f$，内部 Glc$p$

注：GlcN，氨基葡萄糖；GlcA，葡萄糖醛酸；GalA，半乳糖醛酸；Glc，葡萄糖；Gal，半乳糖；Ara，阿拉伯糖；Fru，果糖；Fuc，岩藻糖；Man，甘露糖；Rha，鼠李糖；Xyl，木糖；Rib，核糖；NA，未能提供；p，吡喃糖；f，呋喃糖。全书同。

（三）黄精果聚糖研究进展

1. 果聚糖是三大植物储存糖类之一

蔗糖、淀粉和果聚糖为三大植物储存糖类，是植物生命过程和人类生活中最重要的物质（图2-5）。蔗糖在植物生长和发育过程中发挥关键作用，主要介导糖类的顺序合成，用于即时、短期、长期的能量供应和物质转运策略，并成为人类重要的糖源。淀粉是葡萄糖的聚合物，是大量开花植物中最重要的糖类，它保证了植物个体发育和繁殖过程中的能量供应，并成为当今人类粮食的主要成分。人类大约在12 000年前开始作物驯化，超过2 500种植物被驯化或半驯化，其中水稻、小麦和玉米等以淀粉为主要营养物质的作物为人类提供了50%以上的热量摄入。果聚糖大约在15%的开花植物中作为储存糖类。对植物自身而言，果聚糖除了具有淀粉和蔗糖的储藏性以外，作为重要渗透调节物质，在提高植物的抗寒、抗旱等方面发挥着重要作用。果聚糖与蔗糖、淀粉的共同点是均可顺境高效生产，不同点是果聚糖可降解为营养多源的非淀粉多糖、低聚糖、果糖和葡萄糖，血糖生成指数（GI）低，具有改善肠道菌群、调节血糖等功效，而蔗糖的降解产物为果糖和葡萄糖，淀粉降解产物只有葡萄糖，营养单一，能量高，GI高。

1804年，Rose首次从菊芋中分离出果聚糖，1818年，Thomson根据物质来源将这类果聚糖命名为菊粉，开启了果聚糖研究的先河。半个多世纪后，从黑麦草和梯牧草中分别分离出两类果聚糖，名为"graminin"和"phlein"。虽然果聚糖的早期分类是基于来源而非化学结构，但是随着果聚糖研究范围的不断扩大，果聚糖合成酶和果聚糖分子结构特征被进一步挖掘。这两类果聚糖的名称也分别变更为"graminan"和"levan"。20世纪90年代，菊粉系列在洋葱和芦笋中被鉴定出来。随后，levan系列在燕麦和黑麦草中被发现。到21世纪，一种支链新果

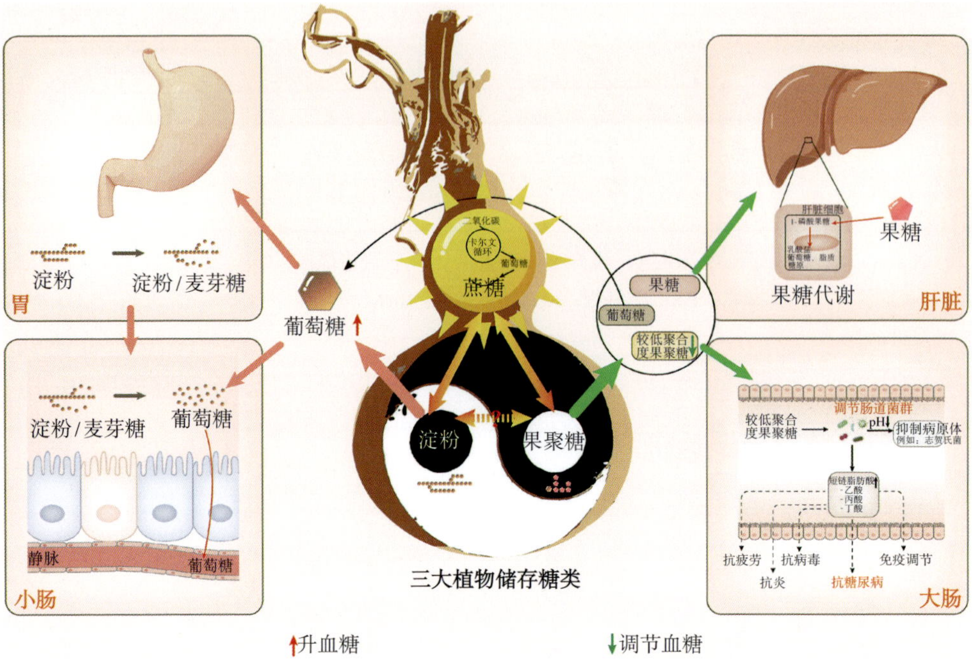

图2-5　三大植物储存糖类在植物与人体内的代谢

聚糖从大蒜中被分离出来。随后，在龙舌兰中也分离出相同结构的支链新果聚糖。2006年"agavin"一词被提出，用于特指这类从龙舌兰和锯齿丝兰物种中分离的支链新果聚糖（图2-6）。

目前，根据蔗糖的位置和果糖残基之间键的类型，天然果聚糖代表性结构可分为六类：① 菊粉（inulin），② levan，③ graminan，④ neo-inulin，⑤ neo-levan，⑥ agavin（图2-7）。

菊粉：果糖残基之间仅具有β-(2, 1)键。含有末端葡萄糖的三糖1-kestotriose（原名1-kestose）是最短的非还原性菊粉型果聚糖。

levan：果糖残基之间仅具有β-(2, 6)键。含有末端葡萄糖的三糖6-kestotriose（原名6-kestose）是最短的非还原性levan型果聚糖。它们在细菌中比在植物中更常见，并且通常具有数千个以上单体果糖单元的聚合度（DP）。

graminan：含有末端葡萄糖基，且同时具有β-(2, 1)键和β-(2, 6)键的支链果聚糖，也称为"混合果聚糖"。常见于小麦和大麦中，其结构骨架为（1和6）-蔗果四糖，又称bifurcose，这也是最短的非还原性支链果聚糖。

neo-inulin：也称为"菊粉新系列"，在核心蔗糖分子的两端均有两条β-(2, 1)键连接的果糖链。

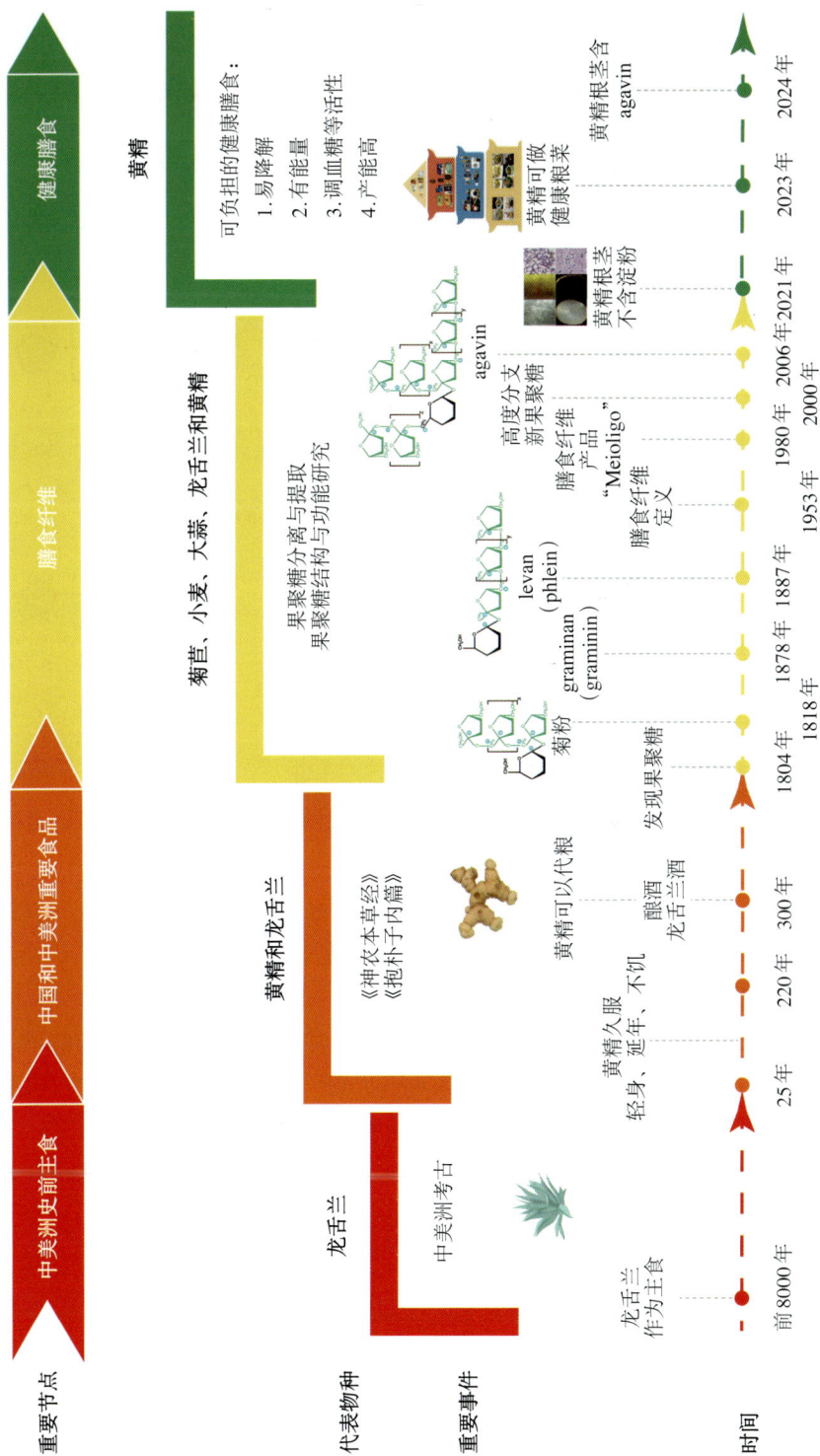

图 2-6 果聚糖发展的历程

重要节点	中美洲史前主食	中国和中美洲重要食品	膳食纤维	健康膳食

黄精和龙舌兰

菊苣、小麦、大蒜、龙舌兰和黄精

黄精

代表物种：龙舌兰、黄精和龙舌兰

重要事件：
- 龙舌兰作为主食
- 中美洲考古
- 《神农本草经》《抱朴子内篇》
- 黄精可以代粮
- 酿酒 龙舌兰酒
- 黄精久服，轻身、延年、不饥
- 发现果聚糖
- 菊粉
- graminan (graminin)
- levan (phlein)
- 膳食纤维定义
- 膳食纤维产品 "Meoligo"
- 高度分支新果糖
- agavin
- 黄精根茎不含淀粉
- 黄精可做健康粮菜
- 黄精根茎含 agavin

可负担的健康膳食：
1. 易降解
2. 有能量
3. 调血糖等活性
4. 产能高

果聚糖分离与提取
果聚糖结构与功能研究

时间：前8000年 25年 220年 300年 1804年 1818年 1878年 1887年 1953年 1980年 2000年 2006年 2021年 2023年 2024年

25

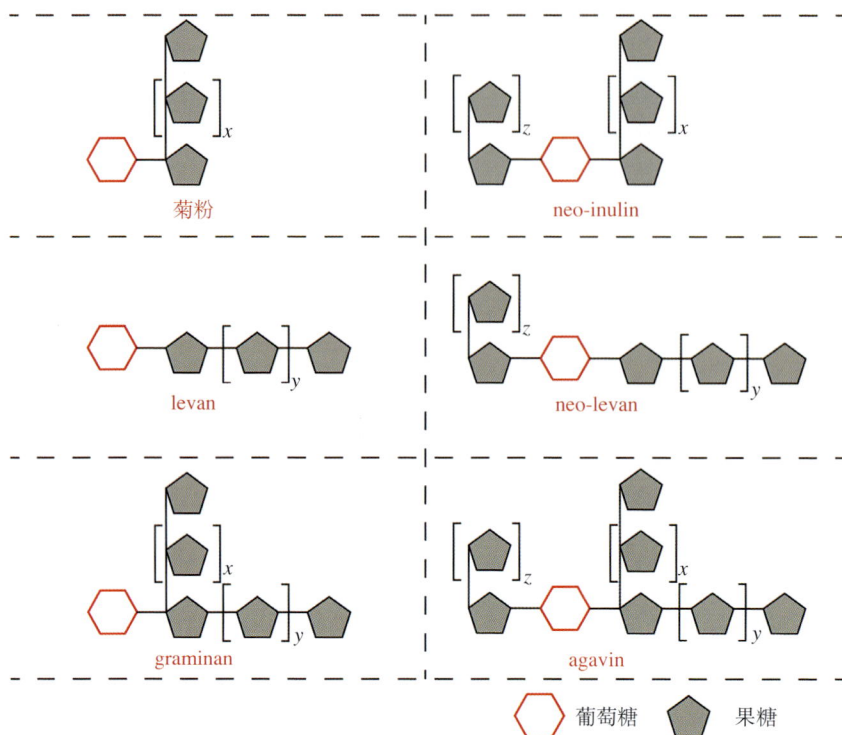

图 2-7　果聚糖的6种基本结构示意

　　neo-levan：也称为"levan-neoseries"，在核心蔗糖分子的两端均有两条 β-(2, 6) 键连接的果糖链。

　　agavin：也称为"支链新果聚糖"，在蔗糖核上有3条果糖链。β-(2, 1) 键和 β-(2, 6) 键果糖基果糖键都大量存在，形成高度支化的结构。

2. 不同植物间果聚糖结构与功能的差异

　　在开花植物中，果聚糖主要存在于禾本科（小麦、大麦、黑麦草、梯牧草和燕麦）、菊科（菊苣和菊芋）、石蒜科（大蒜、洋葱）和天门冬科（黄精、龙舌兰）植物中，起到储存糖类的作用（图2-8）。

　　在禾本科植物中，果聚糖积累于茎、叶和谷粒中。作为短期储存糖类，这些果聚糖会被降解而用于淀粉的合成或自身能量代谢。在秋季，小麦在营养器官中积累 graminan，并在营养器官中储存大量果聚糖以备度过漫长的冬季。更多的果聚糖以低聚糖或多糖的形式，作为长期储存糖类大量储存于双子叶植物的球茎、块茎和块根等器官中。这些植物在春季通过降解果聚糖以促进组织的萌发或再生。菊苣和菊芋在地下的茎或根中积累菊粉型果聚糖。黄精、龙舌兰和大蒜等茎、根茎或鳞茎中可积累丰富的 agavin（表2-3）。与菊粉相比，agavin 具有非

图2-8 不同植物间果聚糖结构与功能的差异

SST. 蔗糖果糖基转移酶　SFT. 果果糖果糖基转移酶　FEH. 果糖外糖基水解酶　INV. 转化酶　FFT. 果果糖果糖基转移酶
SST. 蔗糖果糖基转移酶　SUT. 蔗糖转运酶

表2-3　已报道的agavin型果聚糖及其来源

编号	来源	结构	果糖：葡萄糖	聚合度	重均分子质量（u）	结构单元
16	玉竹		30.0：1.0	31	5.10×10^{3}	主链：2→1Fru$f$ 侧链：2→6Fru$f$，内部Glc$p$

（续）

编号	来源	结构	果糖：葡萄糖	聚合度	重均分子质量（u）	结构单元
40	多花黄精		28.0：1.0	29	4.80×10^3	主链：2→1Fru$f$ 侧链：2→6Fru$f$，内部O-3乙酰化的Glc$p$

（续）

编号	来源	结构	果糖：葡萄糖	聚合度	重均分子质量（u）	结构单元
42	多花黄精		26.0：1.0	27	3.80×10^3	主链：2→1Fru$f$ 侧链：2→6Fru$f$，内部 Glc$p$
60	多花黄精		27.0：1.0	28	4.55×10^3	主链：2→1Fru$f$ 侧链：2→6Fru$f$，内部 Glc$p$

（续）

编号	来源	结构	果糖：葡萄糖	聚合度	重均分子质量 （u）	结构单元
61	多花黄精	$m+n+p=21$	28.0 : 1.0	29	8.50×10^3	主链：2→1Fru$f$ 侧链：2→6Fru$f$，内部Glc$p$
63	多花黄精	$m+n+q=11$	15.0 : 1.0	16	4.20×10^3	主链：2→1Fru$f$ 侧链：2→6Fru$f$，内部Glc$p$

（续）

编号	来源	结构	果糖:葡萄糖	聚合度	重均分子质量（u）	结构单元
64	多花黄精		13.0:1.0	14	2.29×10^3	主链: 2→6Fru$f$ 侧链: 2→1Fru$f$, 内部Glc$p$
65	龙舌兰		27.0:1.0	28	4.74×10^3	主链: 2→1Fru$f$ 侧链: 2→6Fru$f$, 内部Glc$p$

（续）

编号	来源	结构	果糖∶葡萄糖	聚合度	重均分子质量（u）	结构单元
66	龙舌兰		13.0∶1.0	14	NA	主链：2→1Fru*f* 侧链：2→6Fru*f*，内部Glc*p*
67	大蒜		57.0∶1.0	58	NA	主链：2→1Fru*f* 侧链：2→6Fru*f*，内部Glc*p*

（续）

编号	来源	结构	果糖:葡萄糖	聚合度	重均分子质量（u）	结构单元
68	知母		16.0 : 1.0	17	2.72×10^3	主链: 2→1Fru$f$ 侧链: 2→6Fru$f$, 内部Glc$p$

常复杂的分子结构，具有高度支链的（2，1）和（2，6）键以及内部葡萄糖单元。agavin除了具有膳食纤维的作用外，还具有易降解、能产生能量、营养多元、调节血糖等新型特性，与菊粉和菊粉型果聚糖存在巨大的区别，为营养多元的健康膳食开发开辟了全新的空间。

3. 黄精果聚糖agavin：一类兼具能量和活性的非淀粉多糖与寡糖

非淀粉多糖通常被认为是一类相对稳定的物质。自1804年发现菊粉型果聚糖以来，在两个多世纪中，因为它无法被小肠直接吸收，能量值低，在不能满足温饱的年代一直未受到重视。直到膳食纤维功能的发现，非淀粉多糖才重新回到人们的视野，但至今应用规模较小。截至2022年，全球以菊芋和菊苣为原料生产的菊粉（膳食纤维）市场规模仅为16亿美元。

在过去的20年里，龙舌兰被报道为另一种重要的果聚糖来源，纠正了认为龙舌兰能量物质是淀粉的传统观点，并将人类无意地用果聚糖作为能量物质的历史追溯到10 000多年前（图2-6）。根据瓦哈卡山谷的干洞穴和与中美洲特瓦坎山谷相关的遗址的考古证据，可知龙舌兰是中美洲史前人类的主要食物来源，并可追溯到公元前8000年的食物采集时代。通过奇瓦瓦沙漠北部保存完好的遗址的考古发掘，并对人类遗骸和保存完好的人类粪化石的稳定碳同位素分析表明，成年男性狩猎采集者每天平均消耗超过135g的龙舌兰。事实上，一些居住区除了龙舌兰果肉和白尾鹿遗骸外，几乎没有其他垃圾。古代美洲原住民将龙舌兰植物的心（髓）放在土炉中加热40h，并将其作为主食食用。在现代，龙舌兰是墨西哥的重要产业，将龙舌兰在60～80℃下烘烤，用于制作龙舌兰酒，市场价值约147亿美元。

在中国古代，黄精根茎被"蒸九次，晒九次"用作谷物的替代品。2021年，发现黄精不含淀粉，富含果聚糖。2024年，令人信服的证据表明黄精富含agavin型果聚糖，并明确agavin而非淀粉是2 000多年来黄精健康膳食和代粮的主要物质基础。

近年来，中国科研人员对黄精传统炮制方法"九蒸九晒"进行了研究，发现蒸制过程中的高温、高湿条件会导致黄精中糖苷键断裂，导致黄精果聚糖逐渐降解为低聚果糖和果糖。对多花黄精根茎进行九次反复蒸煮，每次蒸煮时间超过30min，一至三蒸果聚糖迅速降解，果糖迅速增加，五蒸以后果聚糖全部降解成果糖，峰值可达38.3%～43.1%，与生品（0.5%～4.4%）对比，增加了数十倍，这些应该都来自果聚糖。将多花黄精根茎在90℃的水中煮2h，低聚果糖含量增加约30%。查阅大量关于黄精多糖含量测定的文献，发现黄精多糖含量存在明显差异（得率从8.0%到39.9%），造成这些差异的原因有很多，但最主要的是提取温度不同。90～100℃热水提取，多糖含量为8.0%～8.5%，50℃提取，多糖含量可高达39.9%（表2-4）。在2022年发现黄精中含有agavin并意识到agavin在60℃以上易降解之前，我们遵循了2020年版《中国药典》中多糖的测定方法。此方法包括将样品在60℃下干燥至恒重，加入80%乙醇在100℃水浴中回流两次，每次1h，用80%热乙醇（80℃以上）洗涤残渣3次等。经过数千个黄精样品的炮制，发现其多糖含量为6.96%～20.09%。炮制后的黄精共含46.10%的单糖和双糖。100g黄精产品可提供约977kJ能量，约为大米能量值的67.5%。

表2-4　温度与黄精果聚糖的得率

物种	提取方法	提取温度（℃）	得率（%）
鸡头黄精	超声波辅助提取法	50	39.9
鸡头黄精	多酶辅助提取法	50	21.6
多花黄精	微生物发酵法	37	33.1
多花黄精	超声波酶辅助提取法	55	39.4
多花黄精	微波辅助提取法	60	19.2
多花黄精	热水萃取法	100	8.0
多花黄精	热水萃取法	90	8.5

大蒜与黄精类似，含有超过干重75%的多糖，主要为果聚糖。同时，大蒜果聚糖主要结构也是agavin，在不使用任何添加剂的情况下，新鲜大蒜在55℃、80%湿度下放置90d制成黑蒜，观察到大蒜果聚糖含量下降84.8%，果糖含量上升508.1%。上述多糖的降解主要通过热处理而非酶水解，高温加速了高分子质量多糖向低分子质量低聚糖和单糖的降解。

在龙舌兰中同样含有大量与黄精和大蒜果聚糖结构相同的果聚糖。在传统的龙舌兰酒生产中，龙舌兰的茎部被放置于烤箱或高压灭菌锅中在60～80℃下烘烤25.5h后，龙舌兰果聚糖降解98%，并主要释放果糖作为发酵糖。龙舌兰果聚糖在116℃下热处理8h可使80%以上的果聚糖分解。

黄精、大蒜和龙舌兰中的果聚糖在胃酸作用下会发生轻度降解。例如，在体外模拟胃液环境（pH 2）中，黄精多糖在2h内降解了15.7%；大蒜果聚糖在pH 2.01、常温［(20±5)℃］条件下经过35h降解了约35%；用盐酸（pH 3）降解大蒜果聚糖表明，大蒜果聚糖会降解为低聚果糖，低聚果糖含量从15%增加到75%；使用模拟胃液降解大蒜果聚糖表明，约20%的大蒜果聚糖和酸降解低聚果糖在pH 1时降解，只有一小部分（＜5%）在pH 2～5时降解。因此，黄精果聚糖在人体内降解产生能量不大。

（四）黄精果聚糖产业潜力

1. 黄精果聚糖具有重要的营养功效

2020年版《中国药典》记载，黄精补气养阴，健脾，润肺，益肾；用于脾胃气虚，体倦乏力，胃阴不足，口干食少，肺虚燥咳，劳嗽咳血，精血不足，腰膝酸软，须发早白，内热消渴。而果聚糖具有抗糖尿病、改善肠道菌群、免疫调节、抗炎、抗病毒等功效（表2-5）。事实上黄精果聚糖除了自身的营养功效外，可能还与其他营养功效物质存在密切的协同作用。

表2-5　黄精多糖的功能、生物活性、信号途径及主要结论

功能	活性成分	模型	信号途径	功效
抗疲劳	果聚糖（PCPY-1）	体外和体内	Osteocalcin	促进BMSC向成骨细胞的分化和骨钙素的释放，并增强C2C12成肌细胞中骨钙素介导的能量代谢，从而在小鼠的力竭运动中为肌肉提供能量而发挥抗疲劳作用
免疫调节	果聚糖	体外	NA	增强巨噬细胞的吞噬活性，表现出免疫调节活性，刺激巨噬细胞的生长
抗炎	低聚果糖（FOS）	体内	NA	抑制炎症细胞因子IL-1β和TNF-α的表达，减少肺部炎症单核细胞的聚集
抗糖尿病	果聚糖（PCP）	体外和体内	T1R2/T1R3-mediated cAMP	口服和回肠给药后激活肠道L细胞的生物学功能，促进胰高血糖素样肽-1（GLP-1）的内源性分泌，增加血浆中的GLP-1
改善肠道菌群	果聚糖和半乳糖	体外	NA	促进双歧杆菌和乳酸菌菌株的生长
抗病毒	果聚糖	体外	NA	保留对单纯疱疹病毒2型（HSV-2）的活性

2. 黄精适合全物料大量久服

"营养多元"是未来食品的发展方向。黄精、大蒜和龙舌兰中的果聚糖都是agavin，但三者食物基质中其他成分多样性存在明显的区别。

大蒜含有约75%的糖类、1.5%~2.1%的蛋白质、1.1%~3.5%的有机硫化合物（OSC），以及一些脂质、酚类化合物、皂苷、凝集素和前列腺素。尽管大蒜中含有丰富的果聚糖和其他营养功效物质，但由于大蒜刺鼻的气味和强烈的味道，以及可能引发的胃部不适，长期以来，大蒜一直仅被用作调味料，其在普通食品产业中的应用受到极大的限制。

成熟龙舌兰（大于6年）可在心中积累鲜重13%~17%（*m/m*）的果聚糖，

另外心中含有皂苷、氨基酸、酚类化合物和矿物质。然而，龙舌兰心的味道苦且纤维占比过高，烘烤后仍然有大量残渣，因此，龙舌兰主要被用于酒精饮料的生产，在普通食品产业中的应用受到较大的限制。

黄精根茎果聚糖占干重的55%以上，简单加工后可获得以果糖为主的单糖、双糖，更为神奇的是，加工过程中伴随黄精果聚糖的降解，黄精的抗氧化活性及α-葡萄糖苷酶的活性等增强，并且推测果聚糖降解过程中不仅产生能量物质果糖，其降解物还能与氨基酸、皂苷等小分子化合物互作形成新的活性更强的物质。黄精多糖与淀粉互作，可以改变淀粉微观结构，包裹淀粉颗粒延缓其消化，平衡血糖。黄精多糖分子基团还可以通过改变面筋蛋白氢键和二硫键的作用力以及疏水作用力，改善面筋网络结构和蒸煮特性，为主粮功能化提供了一条新路径。因此，黄精既可单独食用，又可与其他食物搭配食用，可广泛用于膳食、零食、饮料、保健食品等"以食养生""以食疗病"。黄精产品包含了按中国传统生产工艺或饮食习惯生产加工的粮食和食品：①黄精面包、面条、粉丝、代餐粉等主食；②黄精月饼、粽子、耐饥饿饼干和各式风味饼干等粮食加工品；③黄精固体和液体饮料；④黄精啤酒、发酵酒、蒸馏酒、浸泡酒等酒类；⑤黄精茶；⑥干制和腌制的黄精蔬菜产品；⑦添加黄精的蜜饯和糖果产品。由于黄精味道好且易于加工，相较于龙舌兰，在普通食品产业中具有较大的优势，并且已形成约15亿美元的产值。

黄精不但营养多元，而且食用安全。2 000年来，历代本草均记载宜"久服"，《本草品汇精要》（1505年）将其列为上品之上、草部第一。现代研究表明，黄精属植物玉竹急性毒性试验（剂量64.5g/kg）和慢性毒性6个月试验（剂量51.6g/kg），均未出现动物异常体征或死亡；遗传毒性也未在小鼠的Ames试验、骨髓微核试验和精子畸形试验中发现。

三、黄精次生代谢产物

黄精的次生代谢产物主要包括皂苷、黄酮和生物碱等。

1. 甾体皂苷

黄精属植物根茎含有丰富的甾体皂苷，由螺甾烷醇型、异螺甾烷醇型和呋甾烷醇型甾体皂苷元与多种结构不同的糖链连接而成，也是黄精中的主要有效成分。黄精中的甾体皂苷元母核主要为薯蓣皂苷元、亚莫皂苷元及其衍生结构，糖基大部分由1～4个葡萄糖、半乳糖、半乳糖醛酸、木糖、鼠李糖或岩藻糖构成。目前已报道从黄精、滇黄精、多花黄精和玉竹中分离鉴定的甾体皂苷类化合物有123种（表2-6，图2-9、图2-10）。此外，从黄精和滇黄精中还发现4种甾醇类化合物，分别为carotenoid（一种与维生素A前体有关的类胡萝卜素，具有抗氧化性质）、β-sitosterol（一种广泛存在于植物中的甾醇，具有降低胆固醇的作用）、(22S)-cholest-5-ene-1, 3, 16, 22-tetrol-1-O-α-L-rhamnopyranosyl-16-O-β-D-glucopyranoside（一种具有糖基化的甾醇，具有特定的生物活性）、palmitate-3-β-sitosterol（一种与棕榈酸结合的甾醇，影响生物体内的脂质代谢）。

表2-6 黄精属植物甾体皂苷结构信息

编号	来源	组分名称	取代基
1	黄精	3-O-β-D-glucopyranosyl(1→4)-β-D-fucopyranosyl-(25S)-spirost-5-en-3β, 17α-diol	R_1＝S1, R_2＝R_3＝R_4＝R_6＝R_7＝R_8＝H, R_5＝OH(25S)
2	多花黄精	(25S)-spirost-5-en-12-one-3-O-[β-D-glucopyranosyl-(1→2)-β-D-glucopyranosyl-(1→3)-β-D-glucopyranosyl-(1→4)-β-D-galactopyranoside]	R_1＝S9, R_2＝R_4＝R_5＝R_6＝R_7＝R_8＝H, R_3＝O(25S)
3	鸡头黄精	neoprazerigenin A-3-O-β-lycotetraoside	R_1＝S6, R_2＝R_3＝R_5＝R_6＝R_7＝R_8＝H, R_4＝OH(25S)
4	鸡头黄精	neosibiricosides A	R_1＝S2, R_2＝OAc, R_3＝R_4＝R_5＝R_8＝H, R_6＝R_7＝OH(25S)
5	鸡头黄精	neosibiricosides B	R_1＝S6, R_2＝OAc, R_3＝R_4＝R_5＝R_6＝R_7＝R_8＝H(25S)
6	鸡头黄精	neosibiricosides C	R_1＝S7, R_2＝R_3＝R_4＝R_5＝R_6＝R_7＝R_8＝H(25S)
7	滇黄精	(25S)-pratioside D1	R_1＝S5, R_2＝R_4＝R_5＝R_6＝R_7＝R_8＝H, R_3＝O(25S)
8	滇黄精	(25S)-scutellarin A	R_1＝S4, R_2＝R_4＝R_5＝R_6＝R_7＝R_8＝H, R_3＝O(25S)
9	滇黄精	scutellarin H	R_1＝S4, R_2＝R_4＝R_5＝R_6＝R_8＝H, R_3＝O, R_7＝OH(25R)
10	滇黄精	scutellarin I	R_1＝S5, R_2＝R_4＝R_5＝R_6＝R_8＝H, R_3＝O, R_7＝OH(25R)
11	滇黄精	scutellarin K	R_1＝S16, R_2＝R_3＝R_4＝R_5＝R_6＝R_7＝H, R_8＝O(25S)
12	滇黄精	scutellarin J	R_1＝S4, R_2＝R_4＝R_5＝R_7＝R_8＝H, R_3＝O, R_6＝OH(25S)
13	滇黄精	scutellarin K	R_1＝S20, R_2＝R_3＝R_4＝R_5＝R_6＝R_7＝H, R_8＝O(25S)

（续）

编号	来源	组分名称	取代基
14	多花黄精	(3β, 25S)-spirost-5-en-12-one-3-[(O-β-D-glucopyranosyl-(1→2)-O-[β-D-glucopyranosyl-(1→3)]-O-β-D-glucopyranosyl-(1→4)-β-D-galactopyranosyl)oxy]	R_1=S9, R_2=R_4=R_5=R_6=R_7=R_8=H, R_3=O(25S)
15	多花黄精	(3β, 25S)-spirost-5-en-12-one-3-[(O-β-D-glucopyranosyl-(1→2)-O-[β-D-glucopyranosyl-(1→3)]-O-β-D-xylopyranosyl-(1→4)-β-D-galactopyranosyl) oxy]	R_1=S19, R_2=R_4=R_5=R_6=R_7=R_8=H, R_3=O(25S)
16	玉竹	25S-spirost-5-en-3β, 12β-diol-3-O-β-D-glucopyranosyl(1→2)-[β-D-xylopyranosyl-(1→3)]-β-D-glucopyranosyl-(1→4)-β-D-galactopyranoside	R_1=S6, R_2=R_4=R_5=R_6=R_7=R_8=H, R_3=OH(25S)
17	玉竹	25S-spirost-5(6), 14(15)-dien-3β-ol-3-O-β-D-glucopyranosyl-(1→2)-[β-D-fucopyranosyl-(1→3)]-β-D-glucopyranosyl-(1→4)-galactopyranosyl	R_1=S6, R_2=R_3=R_5=R_6=R_7=R_8=H, R_4=$\Delta^{14,15}$(25S)
18	玉竹	25(S)-spirost-5-en-3β, 14α-diol-3-O-β-D-glucopyranosyl-(1→2)-[β-D-xylopyranosyl-(1→3)]-β-D-galactopyranosyl- 25(R)-spirost-5-en-3β, 14α-diol	R_1=S22, R_2=R_3=R_4=R_5=R_6=R_7=R_8=H(25S)
19	玉竹	25(S)-spirost-5, 14-dien-3β-3-O-β-D-glucopyranosyl-(1→2)-[β-D-xylopyranosyl-(1→3)]-β-D-glucopyranosyl-(1→4)-galactopyranosyl-25(S)-spirost-5, 14-dien-3β-ol	R_1=S6, R_2=R_4=R_5=R_6=R_7=R_8=H, R_3=O(25S)
20	玉竹	25(S)-spirost-5-en-3β, 14α-diol-3-O-β-D-glucopyranosyl-(1→2)-[β-D-xylopyranosyl-(1→3)]-β-D-glucopyranosyl-(1→4)-galactopyranosyl-25(S)-spirost-5-en-3β, 14α-diol	R_1=S6, R_2=R_5=R_6=R_7=R_8=H, R_3=R_4=OH(25S)
21	玉竹	25(S)-spirost-5(6)-en-3-O-β-D-glucopyranosyl-(1→2)-[β-D-xylopyranosyl-(1→3)]-β-D-glucopyranosyl-(1→4) -galactopyranoside-25(S)-spirost-5(6)-en-3-ol	R_1=S6, R_2=R_3=R_4=R_5=R_6=R_7=R_8=H(25S)
22	玉竹	25(S)-spirost-5(6)-en-3β, 14α-diol-3-O-β-D-glucopyranosyl-(1→2)-[β-D-xylopyranosyl-(1→3)]-β-D-glucopyranosyl-(1→4) -galactopyranoside-25(S)-spirost-5(6) -en-3β, 14α-diol	R_1=S6, R_2=R_5=R_6=R_7=R_8=H, R_3=OH, R_4=$\Delta^{14,15}$ (25S)

（续）

编号	来源	组分名称	取代基
23	玉竹	polygoside A	$R_1=S5$, $R_2=R_3=R_5=R_6=R_7=R_8=H$, $R_4=OH(25S)$
24	玉竹	(3β, 14α)-3-O-β-D-glucopyranosyl-(1→2)-[β-D-xylopyranosyl-(1→3)]-β-D-glucopyranosyl-(1→4)-β-D-galactopyranoside-yamogenin	$R_1=S6$, $R_2=R_3=R_4=R_5=R_6=R_7=R_8=H(25S)$
25	玉竹	(25S)-spirost-5-en-3β, 14α-diol	$R_1=R_2=R_3=R_5=R_6=R_7=R_8=H$, $R_4=OH(25S)$
26	玉竹	(25S)-spirost-5-en-3β-ol-3-O-β-D-glucopyranosyl-(1→4)-β-D-galactopyranoside	$R_1=S4$, $R_2=R_3=R_4=R_5=R_6=R_7=R_8=H(25S)$
27	玉竹	(25S)-spirost-5-en-3β-ol-3-O-β-D-glucopyranosyl-(1→2)-β-D-glucopyranosyl-(1→4)-β-D-galactopyranoside	$R_1=S5$, $R_2=R_3=R_4=R_5=R_6=R_7=R_8=H(25S)$
28	玉竹	polygonatumoside F	$R_1=S9$, $R_2=R_3=R_4=R_5=R_6=R_7=R_8=H(25S)$
29	玉竹	polygonatumoside D	$R_1=S5$, $R_2=R_3=R_5=R_6=R_7=R_8=H$, $R_4=OH(25S)$
30	玉竹	3-O-β-D-glucopyranosyl-(1→2)-[β-D-glucopyranosyl-(1→4)]-β-D-glucopyranosyl-(1→4)-galactopyranosyl-25(S)-spirost-5-en-3β, 14α-diol	$R_1=S21$, $R_2=R_3=R_5=R_6=R_7=R_8=H$, $R_4=OH(25S)$
31	玉竹	3-O-β-D-glucopyranosyl-(1→2)-[β-D-glucopyranosyl-(1→4)]-β-D-glucopyranosyl-(1→4)-galactopyranosyl-25(S)-spirost-5-en-3β-ol	$R_1=S21$, $R_2=R_3=R_4=R_5=R_6=R_7=R_8=H(25S)$
32	玉竹	polygodoraside A	$R_1=S6$, $R_2=R_3=R_5=R_6=R_8=H$, $R_4=OH$, $R_7=O$-Glc(25R)
33	玉竹	polygodoraside B	$R_1=S6$, $R_2=R_3=R_5=R_6=R_7=R_8=H$, $R_4=OH(25R)$
34	鸡头黄精	3-O-β-D-glucopyranosyl(1→4)-β-D-fucopyranosyl-(25R)-spirost-5-en-3β, 17α-diol	$R_1=S1$, $R_2=R_3=R_4=R_6=R_7=R_8=H$, $R_5=OH(25R)$
35	鸡头黄精	3-O-β-D-glucopyranosyl(1→2)-β-D-glucopyranosyl(1→4)-β-D-fucopyranosyl-(25R)-spirost-5-en-3β, 17α-diol	$R_1=S2$, $R_2=R_3=R_4=R_6=R_7=R_8=H$, $R_5=OH(25R)$
36	鸡头黄精	3-O-β-D-glucopyranosyl(1→4)-β-D-fucopyranosyl-(25R/S)-spirost-5-en-3β, 12β-diol	$R_1=S1$, $R_2=R_4=R_5=R_6=R_7=R_8=H$, $R_3=OH(25R/S)$

（续）

编号	来源	组分名称	取代基
37	鸡头黄精	neosibiricoside D	$R_1=S5$, $R_2=R_3=R_4=R_5=R_6=R_7=R_8=H(25R/S)$
38	鸡头黄精	sibiricogenin-3-O-β-lycotetraoside	$R_1=S6$, $R_2=R_3=R_5=R_7=R_8=H$, $R_4=R_6=OH(25R)$
39	鸡头黄精	huangjingenin	$R_1=R_4=R_5=R_6=R_7=R_8=H$, $R_2=R_3=OH(25R)$
40	鸡头黄精	huangjinoside C	$R_1=Ara$, $R_2=R_3=OH$, $R_4=R_5=R_6=R_7=R_8=H(25R)$
41	鸡头黄精	huangjinoside D	$R_1=Fuc$, $R_2=R_3=OH$, $R_4=R_5=R_6=R_7=R_8=H(25R)$
42	鸡头黄精	huangjinoside E	$R_1=S1$, $R_2=R_3=OH$, $R_4=R_5=R_6=R_7=R_8=H(25R)$
43	鸡头黄精	huangjinoside F	$R_1=S4$, $R_2=R_3=OH$, $R_4=R_5=R_6=R_7=R_8=H(25R)$
44	鸡头黄精	huangjinoside G	$R_1=S2$, $R_2=R_3=OH$, $R_4=R_5=R_6=R_7=R_8=H(25R)$
45	鸡头黄精	huangjinoside H	$R_1=S5$, $R_2=R_3=OH$, $R_4=R_5=R_6=R_7=R_8=H(25R)$
46	鸡头黄精	huangjinoside I	$R_1=S3$, $R_2=R_3=R_6=OH$, $R_4=R_5=R_7=R_8=H(25R)$
47	鸡头黄精	huangjinoside J	$R_1=S1$, $R_2=R_3=R_6=OH$, $R_4=R_5=R_7=R_8=H(25R)$
48	鸡头黄精	huangjinoside K	$R_1=S4$, $R_2=R_3=R_6=OH$, $R_4=R_5=R_7=R_8=H(25R)$
49	鸡头黄精	huangjinoside L	$R_1=S4$, $R_2=R_3=R_5=R_6=OH$, $R_4=R_7=R_8=H(25R)$
50	鸡头黄精	huangjinoside M	$R_1=S1$, $R_2=R_3=R_5=R_6=OH$, $R_4=R_7=R_8=H(25R)$
51	鸡头黄精	huangjinoside N	$R_1=S1$, $R_2=R_3=R_6=OH$, $R_4=R_5=R_8=H$, $R_7=O\text{-}Glc(25R)$
52	鸡头黄精	huangjinoside O	$R_1=S1$, $R_2=R_3=OH$, $R_4=R_5=R_6=R_8=H$, $R_7=O\text{-}Glc(25R)$
53	鸡头黄精	(25R)-spirost-5-en-12-one-3-O-β-D-glucopyranosyl-(1→4)-[α-L-rhamnopyranosyl-(1→2)]-β-D-glucopyranosyl-diosgenin (PO-3)	$R_1=S6$, $R_2=R_3=R_4=R_5=R_6=R_7=R_8=H(25R/S)$

（续）

编号	来源	组分名称	取代基
54	多花黄精	(25R)-spirost-5-en-12-one-3-O-β-D-glucopyranosyl-(1→2)-β-D-glucopyranosyl-(1→3)-β-D-glucopyranosyl-(1→4)-β-D-galactopyranoside	R_1=S9, R_2=R_4=R_5=R_6=R_7=R_8=H, R_3=O(25R)
55	多花黄精	(25R)-spirost-5-en-12-one-3-O-β-D-glucopyranosyl-[(1→2)-β-D-galactopyranoside-(1→3)]-β-D-xylopyranosyl-(1→4)-β-D-galactopyranoside	R_1=S8, R_2=R_4=R_5=R_6=R_7=R_8=H, R_3=O(25R/S)
56	多花黄精	3-β-hydroxyspirost-5-en-12-one	R_1=R_2=R_4=R_5=R_6=R_7=R_8=H, R_3=O(25R/S)
57	滇黄精	scutellarin A	R_1=S4, R_2=R_4=R_5=R_6=R_7=R_8=H, R_3=O(25R)
58	滇黄精	scutellarin B	R_1=S1, R_2=R_4=R_5=R_6=R_7=R_8=H, R_3=O(25R)
59	滇黄精	funkioside C	R_1=S4, R_2=R_3=R_4=R_5=R_6=R_7=R_8=H(25R)
60	滇黄精	(25R)-scutellarin G	R_1=S5, R_2=R_4=R_5=R_7=R_8=H, R_3=O, R_6=OH(25R)
61	滇黄精	pratioside D1	R_1=S5, R_2=R_4=R_5=R_6=R_7=R_8=H, R_3=O(25R)
62	滇黄精	(25R)-spirost-5-en-3β, 17α-diol-3-O-α-L-rhamnopyranosyl-(1→4)-α-L-rhamnopyranosyl-(1→4)-[α-L-rhamnopyranosyl-(1→2)]-β-D-glucopyranoside	R_1=S15, R_2=R_4=R_6=R_7=R_8=H, R_3=O, R_5=OH(25R)
63	滇黄精	(25R)-spirost-5-en-3β, 17α-diol-3-O-β-D-glucopyranosyl-(1→3)-[α-L-rhamnopyranosyl-(1→2)]-β-D-glucopyranoside	R_1=S11, R_2=R_4=R_6=R_7=R_8=H, R_3=O, R_5=OH(25R)
64	滇黄精	polygonatoside C1	R_1=S16, R_2=R_4=R_6=R_7=R_8=H, R_3=O, R_5=OH(25R)
65	滇黄精	ophiopogonin C	R_1=S10, R_2=R_4=R_5=R_6=R_7=R_8=H, R_3=O(25R)
66	滇黄精	gracillin	R_1=S17, R_2=R_3=R_4=R_5=R_6=R_7=R_8=H(25R)
67	滇黄精	dioscin	R_1=S18, R_2=R_3=R_4=R_5=R_6=R_7=R_8=H(25R)
68	滇黄精	saponin Pa	R_1=S10, R_2=O, R_3=R_4=R_6=R_7=R_8=H, R_5=OH(25R)

（续）

编号	来源	组分名称	取代基
69	滇黄精	saponin Tb	R_1=S14, R_2=R_3=R_4=R_5=R_6=R_7=R_8=H(25R)
70	滇黄精	parissaponin Pb	R_1=S15, R_2=R_3=R_4=R_5=R_6=R_7=R_8=H(25R)
71	多花黄精	(25R)-3β-hydroxyspirost-5-en-12-one	R_1=H, R_2=R_4=R_5=R_6=R_7=R_8=H, R_3=O(25R)
72	多花黄精	(3β, 25R)-spirost-5-en-12-one-3-{(O-β-D-glucopyranosyl-(1→2)-O-[β-D-glucopyranosyl-(1→3)]-O-β-D-xylopyranosyl-(1→4)-β-D-galactopyranosyl) oxy}	R_1=S19, R_2=R_3=R_4=R_5=R_6=R_7=R_8=H(25R)
73	多花黄精	(3β, 25R)-3-hydroxyspirost-5-en-12-one-spirost-5-en-12-one-3-{(O-β-D-glucopyranosyl-(1→2)-O-[β-D-glucopyranosyl-(1→3)]-O-β-D-glucopyranosyl-(1→4)-β-D-galactopyranosyl)}	R_1=H, R_2=R_4=R_5=R_6=R_7=R_8=H, R_3=O(25R)
74	玉竹	25(R)-spirost-5-en-3β, 14α-diol	R_2=R_3=R_5=R_6=R_7=R_8=H, R_1=R_4=OH(25S)
75	玉竹	polygonatumoside E	R_1=S5, R_2=R_3=R_5=R_6=R_7=R_8=H, R_4=OH(25R)
76	玉竹	3-O-β-D-glucopyranosyl-(1→2)-[β-D-xylopyranosyl -(1→3)]-β-D-glucopyranosyl-(1→4)-galactopyranosyl-25(S)-spirost-5-en-3β-ol	R_1=S14, R_2=R_3=R_5=R_6=R_7=R_8=H, R_4=OH(25S)
77	玉竹	polygoside B	R_1=S5, R_2=R_3=R_5=R_6=R_7=R_8=H, R_4=OH(25R)
78	玉竹	3-O-β-D-glucopyranosyl-(1→2)-[β-D-xylopyranosyl-(1→3)]-β-D-glucopyranosyl-(1→4)-galactopyranosyl- 25(R)-spirost-5-en-3β, 14α-diol	R_1=S6, R_2=R_3=R_5=R_6=R_7=R_8=H, R_4=OH(25R)
79	玉竹	3-O-β-D-glucopyranosyl-(1→2)-[β-D-glucopyranosyl -(1→3)]-β-D-glucopyranosyl-(1→4)-galactopyranosyl- 25(R)-spirost-5-en-3β, 14α-diol	R_1=S9, R_2=R_3=R_5=R_6=R_7=R_8=H, R_4=OH(25R)
80	玉竹	3-O-β-D-glucopyranosyl-(1→2)-[β-D-glucopyranosyl -(1→3)]-β-D-glucopyranosyl-(1→4)-galactopyranosyl-25(R)-spirost-5-en-3β-ol	R_1=S9, R_2=R_3=R_4=R_5=R_6=R_7=R_8=H(25R)
81	玉竹	3-O-β-D-glucopyranosyl-(1→2)-[β-D-xylopyranosyl -(1→3)]-β-D-glucopyranosyl-(1→4)-galactopyranosyl- 25(R)-spirost-5-en-3β-ol	R_1=S23, R_2=R_3=R_4=R_5=R_6=R_7=R_8=H(25R)

（续）

编号	来源	组分名称	取代基
82	多花黄精	huangjingsterol B	R_1＝OH，R_2＝H，R_3＝O
83	鸡头黄精	huangjinoside A	R_1＝Ara，R_2＝R_3＝H
84	鸡头黄精	huangjinoside B	R_1＝S6，R_2＝R_3＝H
85	鸡头黄精	kingianoside Z	R_1＝S9，R_2＝R_4＝R_5＝R_6＝R_7＝H，R_3＝O(25S)
86	鸡头黄精	sibiricoside A	R_1＝S4，R_2＝R_3＝R_4＝R_6＝R_7＝H，R_5＝OMe(25S)
87	鸡头黄精	sibiricoside B	R_1＝S4，R_2＝R_4＝R_6＝R_7＝H，R_3＝O，R_5＝OMe(25S)
88	滇黄精	(25S)-scutellarin C	R_1＝S4，R_2＝R_4＝R_6＝R_7＝H，R_3＝O，R_5＝OH(25S)
89	滇黄精	(25S)-scutellarin D	R_1＝S1，R_2＝R_4＝R_6＝R_7＝H，R_3＝O，R_5＝OH(25S)
90	滇黄精	(25S)-scutellarin E	R_1＝S5，R_2＝R_4＝R_6＝R_7＝H，R_3＝O，R_5＝OH(25S)
91	滇黄精	22-hydroxylwattinoside C	R_1＝S4，R_2＝R_5＝OH，R_3＝O，R_4＝R_6＝R_7＝H(25S)
92	滇黄精	(25S)-scutellarin F	R_1＝S5，R_2＝R_5＝OH，R_3＝O，R_4＝R_6＝R_7＝H(25S)
93	滇黄精	scutellarin C	R_1＝S4，R_2＝R_4＝R_6＝R_7＝H，R_3＝O，R_5＝OH(25S)
94	滇黄精	scutellarin D	R_1＝S1，R_2＝R_4＝R_6＝R_7＝H，R_3＝O，R_5＝OH(25S)
95	滇黄精	scutellarin E	R_1＝S5，R_2＝R_4＝R_6＝R_7＝H，R_3＝O，R_5＝OH(25S)
96	滇黄精	(25R, 22)-hydroxy bendingopenarrow [(25R, 22)-hydroxylwattinoside C]	R_1＝Gal(4→1)Glc，R_3＝R_4＝R_5＝R_6＝H，R_2＝R_7＝OH(25R)
97	鸡头黄精	huangjinoside P	R_1＝S1，R_2＝R_3＝OH，R_4＝R_5＝R_6＝H，R_7＝$\Delta^{20,22}$(25S)
98	玉竹	polygonatumoside G	R_1＝R_2＝R_3＝R_5＝R_6＝H，R_4＝R_7＝OH(25S)
99	玉竹	timosaponin H1	R_1＝S6，R_2＝R_3＝R_4＝R_5＝R_6＝H，R_7＝OH(25S)
100	玉竹	(25S)-funkioside B	R_1＝R_2＝R_3＝R_4＝R_5＝R_6＝H，R_7＝OH(25S)

（续）

编号	来源	组分名称	取代基
101	玉竹	22-hydroxy- 25(*R*)-furost-5-en-12-one-3β, 22, 26-triol 26-*O*-β-D-glucopyranoside	$R_1=R_2=R_4=R_5=R_6=$H, $R_3=$O, $R_7=$OH(25*S*)
102	玉竹	3β, 26-diol- 25(*R*)-$\Delta^{5,20(22)}$-dienofurostan-26-*O*-β-D-glucopyranoside	$R_1=R_2=R_3=R_4=R_5=R_6=$H, $R_7=\Delta^{20,22}$(25*S*)
103	玉竹	22-hydroxy-25(*S*)-furost-5-en-12-one-3β, 22, 26-triol 26-*O*-β-D-glucopyranoside	$R_1=$Gal-(4→1)-[Glc-(2→1)-Glc]-(3→1)-Glc, $R_2=R_4=R_5=R_6=$H, $R_3=$O, $R_7=$OH(25*S*)
104	玉竹	polygodoraside G	$R_1=$S9, $R_2=R_3=R_5=R_6=$H, $R_4=R_7=$OH(25*S*)
105	玉竹	polygodoraside H	$R_1=$S9, $R_2=R_3=R_4=R_5=R_6=$H, $R_7=$OH (25*S*)
106	玉竹	polygodoraside D	$R_1=$S6, $R_2=R_3=R_5=R_6=$H, $R_4=R_7=$OH, $\Delta^{22,23}$(25*S*)
107	玉竹	polygodoraside E	$R_1=$S6, $R_2=R_3=R_5=R_6=$H, $R_4=$OH, $R_7=\Delta^{20,22}$(25*S*)
108	玉竹	polygodoraside F	$R_1=$S6, $R_2=R_3=R_5=$H, $R_4=R_6=$OH, $R_7=\Delta^{20,22}$(25*S*)
109	鸡头黄精	polygonoide A	$R_1=$S13, $R_2=R_3=R_4=R_5=R_6=$H, $R_7=$OH, $\Delta^{22,23}$(25*R*)
110	鸡头黄精	polygonoide B	$R_1=$S11
111	鸡头黄精	huangjinoside R	$R_1=$S3(25*R*)
112	鸡头黄精	huangjinoside Q	$R_1=$S6(25*R*)
113	玉竹	polygodoraside C	$R_1=$S6(25*S*)
114	玉竹	ergosta-7, 22-diene-3β, 5α, 6β-triol	
115	玉竹	(22*S*)-cholest-5-ene-1β, 3β, 16β, 22-tetrol-1-*O*-α-L-rhamnopyranosyl-16-*O*-β-D-glucopyranoside	$R_1=$Rha
116	玉竹	(22*S*)-cholest-5-ene-1β, 3β, 16β, 22-tetrol-1, 16-di-*O*-β-D-glucopyranoside	$R_1=$Glc
117	玉竹	(25*S*)-spirostanol-3β, 14α-dihydroxy-spirost-5-ene-3-*O*-{β-D-glucopyranosyl-(1→2)-[β-D-xylopyranosyl-(1→3)]-β-D-glucopyranosyl-(1→4)-β-D-galacopyranoside}	$R_1=$S6, $R_2=$OH(25*S*)
118	玉竹	(25*S*)-spirostanol-3β, 14α-dihydroxy-spirost-5-ene-3-*O*-β-D-glucopyranosyl-(1→2)-β-D-glucopyranosyl-(1→4)-β-D-galacopyranoside	$R_1=$S5, $R_2=$OH(25*S*)

（续）

编号	来源	组分名称	取代基
119	玉竹	(27S)-spirostanol-3-O-β-D-glucopyranosyl-(1→2)-[β-D-xylopyranosyl-(1→3)]-β-D-glucopyranosyl-(1→4)-β-D-galacopyranoside-yamogenin	R₁＝S6, R₂＝H
120	玉竹	(22S)-cholest-5-en-1β, 3β, 16β, 22-tetrol-1-O-α-L-rhamnopyranosyl-(1→6)-O-β-D-glucopyranoside	
121	玉竹	polygonatumoside A	R₁＝S6(25R)
122	玉竹	polygonatumoside B	R₁＝S6(25S)
123	玉竹	polygonatumoside C	R₁＝S6(25R)

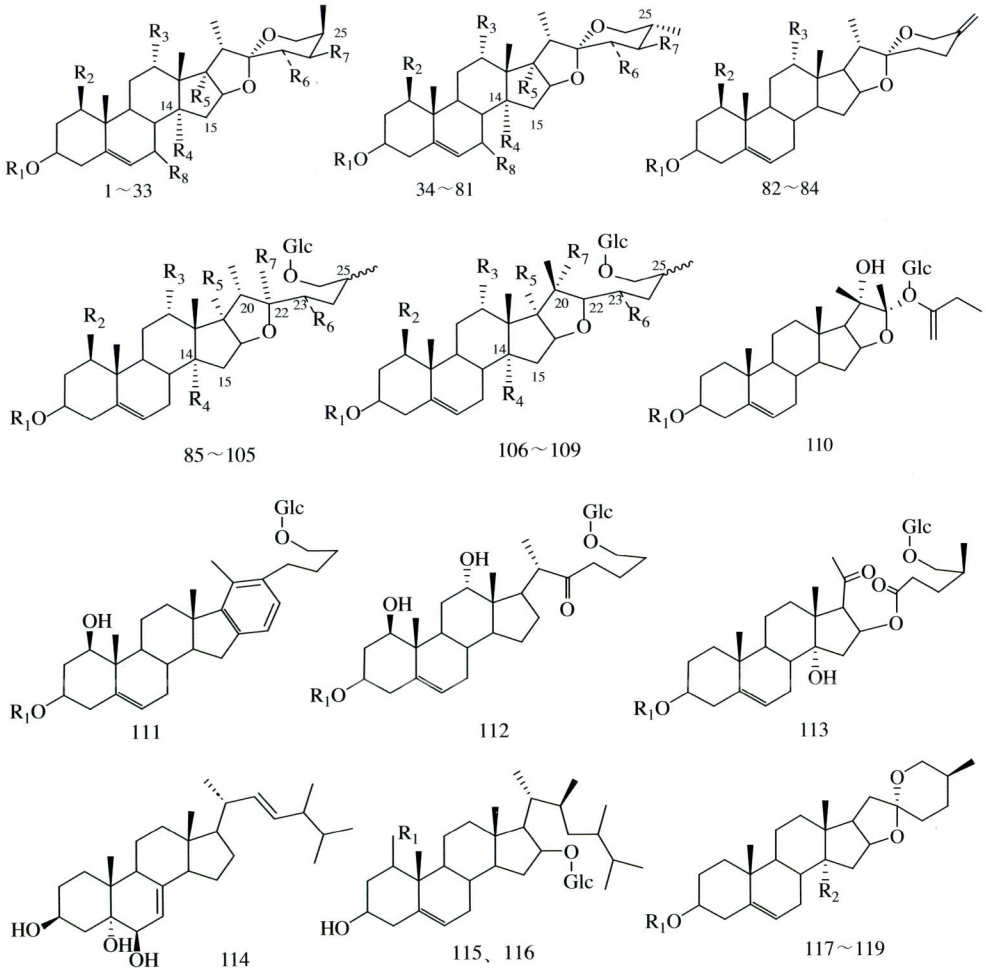

47

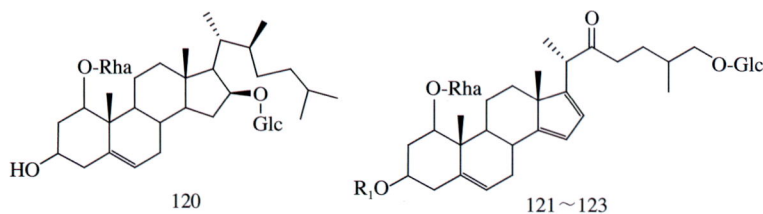

图 2-9　玉竹、鸡头黄精、滇黄精和多花黄精甾体皂苷元结构类型

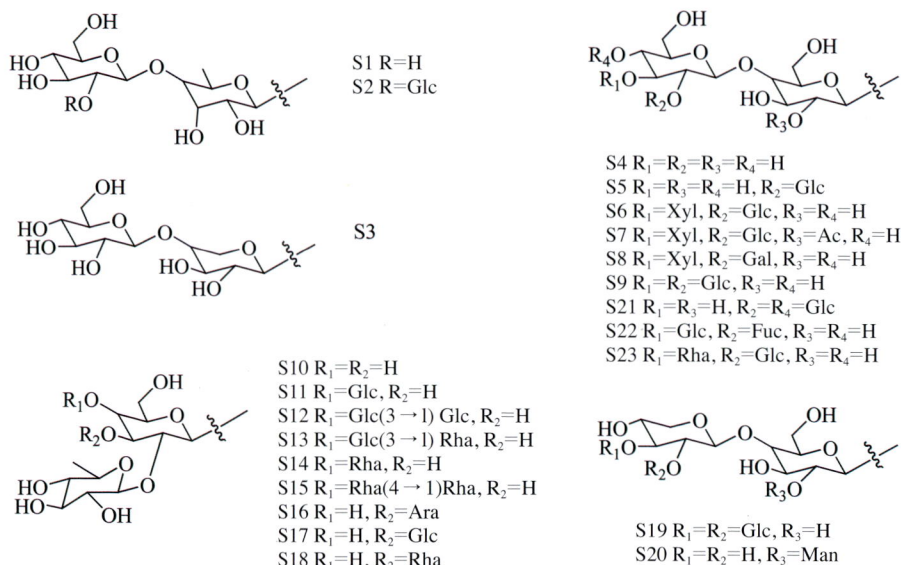

图 2-10　玉竹、鸡头黄精、滇黄精和多花黄精甾体皂苷类化合物中的糖基结构

2. 三萜皂苷

在黄精属植物的根茎中，常见的三萜皂苷元为四环三萜和五环三萜类化合物，这些皂苷元可以与多种结构不同的糖链连接，形成具有生物活性的皂苷类化合物。糖基在黄精三萜皂苷的多样性中起着关键作用，常见的糖基包括D-葡萄糖、D-半乳糖、D-木糖、L-阿拉伯糖、L-鼠李糖、D-葡萄糖醛酸和D-半乳糖醛酸等。这些糖基不仅影响皂苷的极性，还可能影响其生物活性和药代动力学特性。

目前对该类成分的研究报道主要集中于黄精和滇黄精，共发现了12个三萜类皂苷。其中有9个五环三萜皂苷：① asiaticoside [2β, 3β, dihydroxy-(28→1)-glucose-(6→1)-glucose-(4→1)rhamnose-ursolicacid]，② hydroxysaponin [2β, 3β, 6β, trihydroxy-(28→1)-glucose-(6→1)-glucose-(4→1) rhamnose-ursolic acid]，③ 3β-hydroxy- (3→1)-glucose-(4→1)-glucose-oleanane，④ 3β-hydroxy-(3→1)-glucose-(2→1)-glucose-oleanolic acid，⑤ 3β, 3β, dihydroxy-(3→1)-glucose-(2→1)-glucose-oleanane，⑥ 3β-hydroxy-(3→1)-glucose-(4→1)-glucose-(28→1)-arabinose-(2→1)-

arabinose-oleanolicacid，⑦ polygonoides C [3-*O*-*α*-L-rhamnose-(1→2)-*β*-D-glucose-(1→4)-*β*-D-glucose-3*β*, 7*β*, 22*β*-trihydroxy-oleanolic acid，⑧ polygonoides D [3-*O*-*α*-L-rhamnose-(1→2)-*β*-D-glucose-(1→4)-*β*-D-glucose-3*β*, 7*β*, 22*β*-trihydroxy-oleanolic acid methyl ester]，⑨ polygonoides E [3-*O*-*β*-D-glucose-(1→3)-*β*-D-glucose-(1→4)-[*α*-L -rhamnose-(1→2)]-*β*-D-glucose-3*β*, 21*β*-dihydroxy-oleanolic acid-28-*O*-*β*-D-glucose-(1→3)-*β*-D-glucose-(1→3)-*β*-D-glucose]。还有3个四环三萜皂苷：pseudo ginsenoside F11、ginsenoside Rc和ginsenoside Rb1。

3. 黄酮

黄酮类化合物在黄精属植物根茎中占据重要的地位，它们具有多样化的结构和生物活性。根据A环和B环中间三碳链的氧化程度、三碳链是否构成环状结构、3位是否有羟基取代以及B环（苯基）连接的位置（2或3位）等特点，可将天然黄酮类化合物分为黄酮类、黄酮醇、二氢黄酮、二氢黄酮醇、异黄酮、二氢异黄酮、查耳酮、二氢查耳酮、花色素、黄烷醇、高异黄酮等类型。天然黄酮类化合物多以苷类形式存在，组成黄酮苷的糖类通常有葡萄糖、半乳糖、阿拉伯糖、木糖、鼠李糖、葡萄糖醛酸等。由于苷元不同，以及糖的种类、数量、连接位置和连接方式不同，形成了数目众多、结构各异的黄酮苷类化合物。

高异黄酮类是黄精属植物中的一种独特成分，其分子结构中C环与B环之间存在一个额外的—CH$_2$基团，这一结构在自然界中相对罕见，仅在少数植物中发现，因而被认为是黄精属植物的特征性成分之一。这种结构上的特点可能赋予高异黄酮类化合物独特的生物活性，有待进一步研究加以阐明。目前，从黄精、多花黄精、滇黄精中共发现17个高异黄酮类成分，从玉竹中发现24个。

此外，从黄精中还发现22个其他黄酮类化合物。黄精属植物中的黄酮类化合物见图2-11。

4. 生物碱

生物碱在黄精属植物中含量较低，黄精碱A含量仅为2.17～15.26μg/g。黄精生物碱的结构较为独特，主要为吲哚嗪类生物碱，具有环合氮的六骈五杂合体系的基本母核。从黄精和滇黄精根茎中共发现3种吲哚嗪类生物碱，即polygonatine A（3-hydroxymethyl-5, 6, 7, 8-tetrahydroindolizin-8-one）、polygonatine B（3-ethoxymethy-5, 6, 7, 8-tetrahydro-8-indolizinone）、kinganone（3-丁氧甲基-5, 6, 7, 8-四氢-8-吲哚哩嗪酮）。此外还从滇黄精中分离出黄精神经鞘脂A、神经鞘脂B、神经鞘脂C、神经鞘脂D。针对生物碱的深入研究和开发仍在进行中，其具体生理活性和作用机制有待进一步探究。随着提取、分离技术的进步和研究的深入，黄精生物碱有望在未来的药物开发和临床应用中展现更大的潜力。

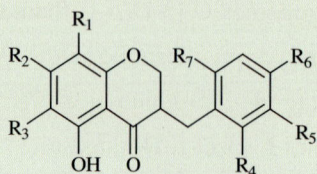

1～25
高异黄酮

编号	R_1	R_2	R_3	R_4	R_5	R_6	R_7
1	H	OH	H	H	H	OH	H
2	H	OH	H	H	H	OCH_3	H
3	H	OH	H	OH	H	CH_3	H
4	H	OH	H	OH	H	OH	H
5	H	OH	H	OH	H	OCH_3	H
6	H	OH	CH_3	H	H	OH	H
7	H	OH	CH_3	H	H	OCH_3	H
8	H	OH	CH_3	OH	H	OH	H
9	H	OH	CH_3	OH	H	OCH_3	H
10	H	OCH_3	H	OH	H	OCH_3	H
11	CH_3	OH	H	H	H	OH	H
12	CH_3	OH	H	OH	H	OH	H
13	CH_3	OH	H	OH	H	OCH_3	H
14	CH_3	OH	CH_3	H	H	OH	H
15	CH_3	OH	CH_3	H	H	OCH_3	H
16	CH_3	OH	CH_3	OH	H	OH	H
17	CH_3	OH	OCH_3	H	H	OCH_3	H
18	CH_3	OH	OCH_3	OH	H	OH	H
19	CH_3	OH	CH_3	H	OH	OCH_3	H
20	CH_3	OCH_3	CH_3	OH	H	OCH_3	H
21	OH	OH	CH_3	H	H	OH	H
22	OCH_3	OH	H	OH	H	OCH_3	H
23	OCH_3	OH	CH_3	H	H	OH	H
24	OCH_3	OH	CH_3	H	H	OCH_3	H
25	OCH_3	OH	CH_3	OH	H	OCH_3	H

高异黄酮

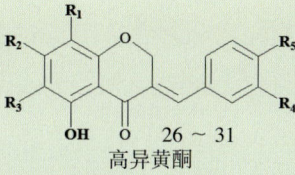

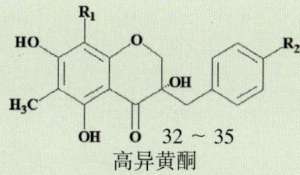

编号	R₁	R₂	R₃	R₄	R₅
26	H	O-Glc	H	OH	H
27	H	OH	H	OH	H
28	CH₃	OH	CH₃	OCH₃	H
29	CH₃	OH	CH₃	OH	OH
30	OCH₃	OH	CH₃	OH	OH
31	OCH₃	OH	CH₃	OH	OH

高异黄酮

编号	R₁	R₂
32	OCH₃	OH
33	CH₃	OH
34	H	OCH₃
35	CH₃	OH

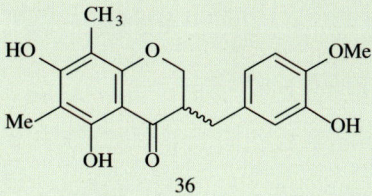

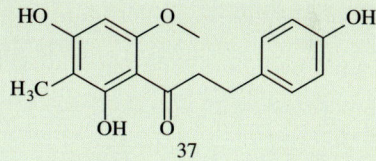

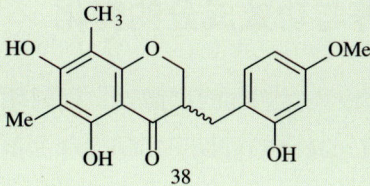

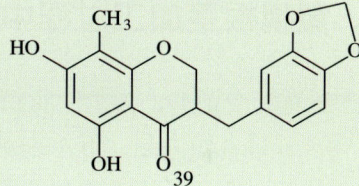

36

37

38

39

高异黄酮

黄酮醇

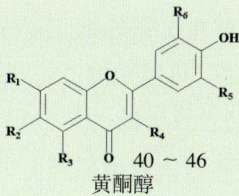

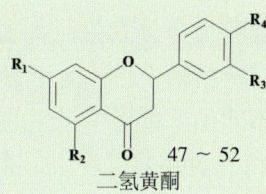

编号	R₁	R₂	R₃	R₄	R₅	R₆
40	OH	H	H	H	H	H
41	OH	H	OH	OH	H	H
42	OH	H	OH	OH	OH	OH
43	OH	H	OH	H	OH	OCH₃
44	O-Glc	H	OH	H	H	H
45	OH	H	OH	O-Glc-Rha	OCH₃	H
46	CH₃	CH₃	OH	H	H	H

二氢黄酮

编号	R₁	R₂	R₃	R₄
47	OH	H	H	OH
48	O-Glc	OH	OH	OCH₃
49	O-Glc-Rha	OH	OH	OCH₃
50	OH	OH	H	OH
51	H	OH	OCH₃	OH
52	H	OH	rutinoside	OH

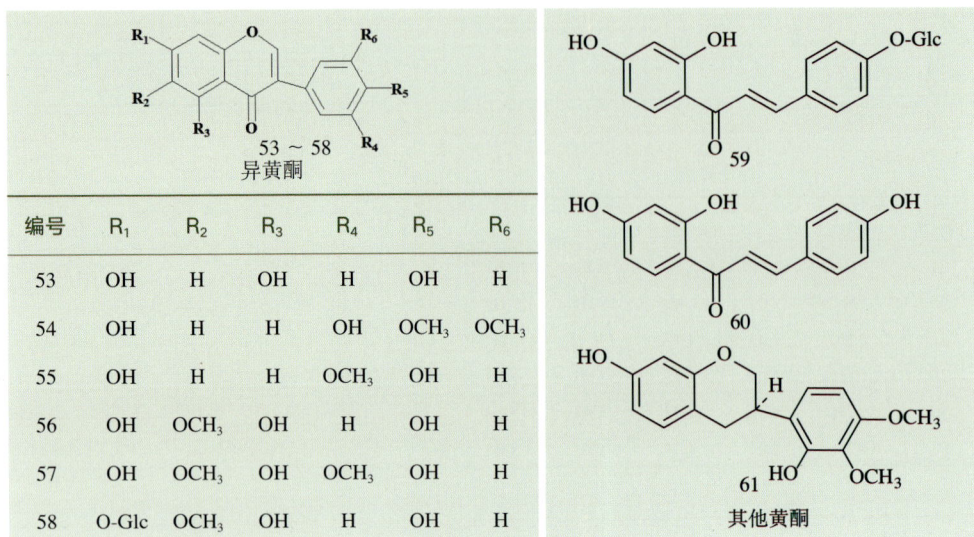

图2-11　黄精属植物中的黄酮类化合物

四、黄精根茎加工过程中营养与功效成分的变化

《食疗本草》中记载，为消除黄精新鲜根茎对咽喉的刺激性，同时增强其补益功效，需要经过九蒸九制。近年来对黄精反复蒸晒过程中化学变化与活性转化关系的研究证实，小分子糖类物质的积累有助于提高人体免疫力，美拉德反应生成的呋喃类化合物有助于提高抗氧化和抗炎能力。九蒸九制加工耗时长，加工过程中主要物质成分发生巨大变化，因此也引发了对九次循环加工必要性的热议。学者们对黄精晒干、热风干燥、1～9个周期的蒸汽-热风干燥、红外干燥和微波干燥等不同加工过程中产生的样品进行了营养和功效成分的测定分析。

黄精九蒸九制过程中，果糖含量变化最为显著，在黄精蒸制1～3次时，果糖含量快速上升，蒸制4～6次时随着果聚糖的完全降解果糖含量达到高峰，然后缓慢下降，其中多花黄精生品果糖含量为4.4%，高峰时含量为38.3%，九制结束时含量为31.6%。蔗糖含量在前两次蒸制过程中略有增加，其后下降，五蒸以后基本消失；低聚糖含量下降，至六蒸后消失；半乳糖和葡萄糖含量较为稳定。葡萄糖含量变化规律与果糖类似，在蒸制1～3次时快速上升，然后缓慢上升至第七次达到高峰，含量为6.8%；后缓慢下降。多糖在前两蒸中迅速下降，下降的原因是果聚糖的降解；在蒸制4～5次时果聚糖完全降解，后保持稳定，保留的主要是半乳聚糖。大多数磷脂和游离脂肪酸的丰度从1～9次蒸制循环中连续增加，而大部分氨基酸、核苷和碱基则呈现持续下降的趋势。如果以总糖、果糖和磷脂为主要质量指标，四次蒸汽热风干燥处理应该是获得更好口感、风味和功能性的理想采后处理方法。总黄酮和总酚的含量随炮制时间的增加而升高，第七蒸时达到最高值，分别为4 582μg/g、6 979μg/g；薯蓣皂苷的含量随炮制时间的增加而逐渐降低，从第六蒸起含量基本保持稳定，约为73μg/g。黄精酒蒸和炆制过程中糖类成分也会发生显著变化。

采用口腔—胃—肠道三步体外消化法对多花黄精加工过程中的不同样品进行消化，扫描电子显微镜下观察到未处理的黄精粉末呈现为大而完整的块状或片状，表面较为光滑，孔洞较少。样品的表面随着蒸制循环次数的增加变得更加粗糙，褶皱、裂纹和孔洞变得更加明显。在消化过程中，最初，粉末具有明确的边缘和光滑的表面。在口腔消化阶段之后，样品的表面呈现为层状或片状，充满了孔隙和空腔。经胃消化后的样品在孔径和孔隙率方面均表现出明显的上升趋势，表面呈现明显的犁沟。经肠道消化的样品表现出更高的疏松度和孔隙率，其特点是出现了分布更均匀、更细小的薄片。这表明蒸制处理会破坏黄精组织结构，导致黄精与消化液和酶的接触面积增加，有利于活性物质的释放。

在整个模拟体外消化过程中，不同蒸制次数黄精的总酚含量总体呈现先上升后下降的趋势。当从酸性胃环境过渡到小肠的弱碱性环境时，总酚显著减少约30%。总皂苷的变化可分为3个不同的阶段。第一阶段，黄精在短期高温条件下主要水解产生次级糖苷和皂苷元，导致总皂苷含量降低。第二阶段涉及皂苷的转化过程，发生在皂苷变化率最高的第五次蒸制和第七次蒸制之间。在持续的高温条件下，皂苷除了水解外，还通过脱水和环化反应产生新的化合物。这些新形成的化合物仍然是皂苷的一部分，导致总皂苷含量增加。第三阶段，样品暴露于高温下的时间延长，皂苷反应接近完成，并产生新的、更稳定的化合物。随着蒸制次数的增加，在未消化阶段还原糖含量增长较快，总糖含量增长相对缓慢；在消化期间，不同样品的总糖没有表现出显著差异，还原糖含量随着处理次数的增加而成比例增加，表明蒸制处理更有效地将一些非还原糖转化为还原糖。总之，蒸制过程改变了多花黄精的结构特征，促进了活性物质的消化，改善了其营养特性，对黄精加工和生产有着重要的意义。

五、黄精嫩芽、叶与花中的营养与功效成分

《本草图经》记载："初生苗时，人多采为菜茹，谓之笔菜，味极美，采取尤宜辨之。"《本草经集注》更是指出"根、叶、花、实皆可饵服，酒散

随宜，具在断谷方中"。由此可见黄精叶、嫩芽、花和果实早有被食用的传统。除此之外，黄精叶也可入药，如仡佬族人口嚼黄精叶片后外敷治疗蜈蚣咬伤。但现代黄精食药用部位多为根茎，其花、叶、果实等部位开发较少。现代研究表明，黄精根茎中含有多糖、黄酮、蛋白质、氨基酸等营养功效物质。糖类是主要的常量营养素。果实中糖类含量最高（30.32%），其次是茎（20.26%）、叶（19.17%）和花（12.36%）。除此之外，黄精叶片、花朵等部位富含膳食纤维。叶片的不溶性膳食纤维（45.81%）和总膳食纤维（49.08%）含量最高，说明干叶中不溶性膳食纤维占主导成分。果实中总膳食纤维含量最低，但可溶性膳食纤维含量最高，其次是花。多糖是黄精的主要营养物质和重要的质量标志物。黄精花中多糖含量平均为7.9%，嫩芽中多糖含量约为5.10%，二者多糖含量分别约占根茎多糖含量的1/2和1/3。比较多花黄精根茎、须根、茎和叶4个部位中有效成分的含量，发现根茎中多糖含量最高，达145.52mg/g，分别是须根（43.51mg/g）、茎（27.58mg/g）和叶（42.23mg/g）的3.34倍、5.28倍和3.45倍。另有报道多花黄精根茎中多糖含量（10.47%）高于茎（3.65%）、叶（5.99%）和花（4.76%）。果实中总可溶性糖含量最高，约为25.35%，其次为花、叶，最后为茎；这些可溶性糖主要为游离单糖。除此之外，这些部位还存在少量的低聚果糖，其中果实含量最高（9.44%）。

　　单糖组成是多糖的主要结构表征，它可以反映多糖中各种单糖的相对摩尔比。多花黄精根茎中果糖和蔗糖的含量显著高于花、叶、茎；但葡萄糖含量在叶中最高，其次是茎，在根和花中含量最低。其叶、花、果、茎4个部位多糖的单糖组成略有不同。叶片多糖主要由半乳糖、阿拉伯糖和甘露糖组成。茎和花的多糖含量也以半乳糖和甘露糖最高。然而，相当一部分葡萄糖和半乳糖醛酸存在于果实中。由于半乳糖醛酸是果胶的主要成分，因此这意味着黄精果实比其他部分含有更多的果胶结构。鸡头黄精叶中粗多糖分离纯化后得到总糖含量为97.48%的黄精多糖，单糖组成为甘露糖、鼠李糖、半乳糖醛酸、葡萄糖、木糖和阿拉伯糖，摩尔比为6.6∶15.4∶4.5∶8.8∶40.7∶24。分子质量也是多糖的主要表征之一。果实中多糖分子质量最小，为155.1ku，叶片中多糖分子质量最大，为809.2ku，茎与花的多糖分子质量分别为422.0ku和257.5ku。多糖在茎部的分子质量分布较窄，在其他部位的分布较宽。

　　黄精花中含有丰富的氨基酸，包括精氨酸、亮氨酸、苏氨酸、甘氨酸和赖氨酸等。黄精的嫩芽、花和果实中的蛋白质含量分别为23%、12%和20%，其中嫩芽中的这些氨基酸水平明显高于蔬菜。同时，黄精花和嫩芽中氨基酸品质优良，必需氨基酸含量占总氨基酸含量的比例接近FAO/WHO提出的理想蛋白质的标准（40%），嫩芽为35.6%～39.4%，花为33.8%～35.7%。黄精的花和嫩芽含有丰富的调味氨基酸，在嫩芽中调味氨基酸占总氨基酸的16.0%～20.8%，在花中这一比例为9.4%～11.1%，所以嫩芽和花清甜可口，味极美。

皂苷、多酚和黄酮也是黄精的主要功效物质。多花黄精根茎的皂苷含量为31.57～50.54mg/g，与花中含量（32.55～40.93mg/g）相当，显著高于叶，其次是须根和茎。通过正交法优化鸡头黄精黄酮和多酚的提取工艺，黄酮最佳提取条件为提取温度70℃，料液比1∶80，提取时间2.5h，乙醇体积分数为90%，此条件下黄酮平均得率为4.01%。多花黄精叶片中总黄酮的含量为14.35mg/g，高于须根（5.18mg/g）、根茎（2.65mg/g）和茎（4.75mg/g）。多花黄精嫩芽中总酚含量为51.21～58.76mg/g，是根茎的2.96倍；花的总酚含量为40.79～50.95mg/g，显著高于根茎，平均为根茎的4.5倍。也有研究表明，多花黄精非药用部位中总酚含量大小顺序依次为叶＞嫩芽＞花＞茎＞根，叶部总酚含量显著高于其他部位；总皂苷含量以花部最高，显著高于其他各部位，根部含量最低，其他部位总皂苷含量排序为叶＞嫩芽＞茎；总黄酮含量大小排序为叶＞嫩芽＞花＞茎＞根，说明相较其他非药用部位而言，叶在生长发育进程中更容易富集酚类和黄酮类成分，花则更容易富集皂苷类成分。

黄精根茎中已经分离鉴定了许多黄酮类化合物，其中高异黄酮类化合物为其特征性成分。目前并未在黄精其余部位分离鉴定到高异黄酮类物质。从多花黄精叶中分离纯化后得到两种新型非对映异构体酚类化合物，鉴定后发现为(1*S*,2*R*)-1-(4-hydroxy-3-methoxyphenyl)-1-ethoxypropan-2-ol 和(1*S*, 2*S*)-1-(4-hydroxy-3-methoxyphenyl)-1-ethoxypropan-2-ol。采用超高效液相色谱-四极杆飞行时间质谱（UPLC-Q-TOF-MSE）技术从鸡头黄精花中共鉴定出64种化合物，其中发现35种有效成分与抗肿瘤活性密切相关。通过构建和分析化合物-靶点-通路网络，得到5个潜在抗肿瘤的关键活性化合物：汉黄芩素、鼠李素、蝙蝠葛碱、chrysosplenetin B和5-hydroxyl-7, 8-panicolin。通过超高效液相色谱-四极杆萃取质谱法（UPLC-Q-Exactive-MS）从鸡头黄精叶茶提取物中鉴定出56个成分，其中活性成分27个。通过构建化合物-靶点-通路网络，确定了3个关键活性化合物：pubescenol、燕麦蒽酰胺E和13-顺式-阿维A酸。鸡头黄精叶乙醇提取物经分离纯化得到14个化合物，经核磁共振（NMR）、高分辨率质谱等波谱学数据分析及与文献数据对比，化合物结构分别鉴定为咖啡酸甲酯、绿原酸、异牡荆素、异荭草素、荭草素、荭草素-2″-*O*-木糖苷、木樨草素-6-*C*-β-D-吡喃半乳糖基(1→2)-β-D-吡喃葡萄糖苷、芹菜素-6-*C*-β-D-吡喃半乳糖基(1→2)-β-D-吡喃葡萄糖苷、芹菜素 -6-*C*-*β*-D- 吡喃木糖基 (1→2)-*β*-D- 吡喃葡萄糖苷、荭草素 -6-*C*-*β*-D- 葡萄糖苷、异牡荆素 -8-*C*-*β*-D- 葡萄糖苷、金圣草黄素、槲皮素 -3-*O*-*α*-L- 鼠李糖苷、正二十一烷酸。

　　矿质元素在人体中具有重要的生理功能，对于维护正常的人体健康发挥着积极作用。钙、磷、镁、钾、钠等元素为人体每日膳食需要量在 100mg 以上的常量元素，其总含量在黄精花中明显高于根茎。其中钾元素在黄精花中的含量为根茎的 6.9 倍，磷元素为 2.7 倍，镁元素为 2.4 倍；钙元素在黄精花中的含量为3.91mg/g，与月季花相当，是菠菜、大白菜等常见蔬菜的 5～6 倍。

　　黄精的花、叶等部位因其含水量大、不易保存等特点，民间食用通常为鲜食或加工成茶叶等干品。加工方法、储藏条件均会影响其感官品质。在低温避光的条件下，多花黄精在储藏过程中能保留更多花中色素类成分及有效物质如总酚、总黄酮、总皂苷，维持较好的抗氧化活性。采用全二维气相色谱 - 飞行时间质谱法分析黄精叶茶香气成分组成与相对含量，共鉴定出 225 种挥发性成分，醇类含量最高，占黄精叶绿茶香气总含量的 26.47%，其次是醛类含量，占21.75%。38 种挥发性化合物在二者中相对含量较高，其中戊醇、苯甲醇、苯甲醛在黄精叶绿茶中相对含量较高，对其香气品质可能具有直接影响。黄精叶绿茶与传统龙井绿茶共有成分 93 种，但共有成分在两种绿茶中的含量存在明显差异。黄精叶绿茶香气更加丰富、均匀，同时 *α*- 紫罗兰酮等相对含量不高的低阈值挥发性化合物也可能是形成黄精叶绿茶香型的关键香气。以多花黄精嫩芽为原料，采用扁形绿茶加工工艺，分别按照微波杀青、锅炒杀青、蒸汽杀青 3 种杀青方式制成多花黄精嫩芽茶，发现利用微波杀青工艺所制黄精嫩芽茶不仅具有较好的感官品质，且水浸出物、可溶性糖、茶多酚及总黄酮含量均最高，分别为 48.04%、14.49%、13.23%、1.66%。3 种杀青方式所制黄精嫩芽茶中共检测出 84 种有嗅感的挥发性成分，以醛类（12 种）、酮类（11 种）、烯烃类（10 种）、醇类（8 种）及酯类（8 种）等化合物为主；微波、锅炒、蒸汽杀青分别有 10 种、12 种、7 种关键香气成分，其中丁酸乙酯为微波杀青工艺特有的关键香气成分，庚醛、戊醛、己醛、1-戊醇为锅炒杀青工艺特有的关键香气成分。不同杀青方式制作的黄精嫩芽茶品质存在差异，其中微波杀青更适合黄精嫩芽茶的制备。

　　现代研究表明，黄精根茎具有降血糖、降血脂、抗氧化、改善肠道菌群、提高免疫力、抗疲劳等功效。目前对黄精花、叶、果实等非药用部位的功效活性研究主要采取体外自由基清除实验。黄精嫩芽 DPPH· 的半数清除率（IC_{50}）为 0.53～1.83mg/mL，花的 IC_{50} 为 1.77～3.25mg/mL，抗氧化活性显著优于根茎。多花黄精非药用部位提取液对 DPPH·、·OH 及 NO_2^- 均有一定的清除能力，且具有较好的一致性，其中叶、花、芽提取物的清除能力总体显著优于根和茎，且清除能力与其总酚、总皂苷和总黄酮含量存在一定的相关性。总而言之，叶、花和茎具有较强的抗氧化活性，优于传统药材部位（根茎）。

此外，黄精的非药用部位在体外酶活性抑制方面也有一定的作用。从鸡头黄精叶中筛选出8种具有胰脂肪酶抑制活性的化合物：绿原酸、异牡荆素、荭草素-2″-O-木糖苷、木樨草素-6-C-β-D-吡喃半乳糖基(1→2)-β-D-吡喃葡萄糖苷、芹菜素-6-C-β-D-吡喃半乳糖基(1→2)-β-D-吡喃葡萄糖苷、荭草素-6-C-β-D-葡萄糖苷、异牡荆素-8-C-β-D-葡萄糖苷和槲皮素-3-O-α-L-鼠李糖苷，当化合物浓度为5mmol/L时，抑制率均在75%以上，其中异牡荆素的抑制率达到83.67%。体外降糖实验结果表明，在3 000μg/mL浓度下，多花黄精茎、叶和花提取物均表现出对α-葡萄糖苷酶和α-淀粉酶的抑制活性。其中花提取物对α-淀粉酶和α-葡萄糖苷酶的抑制率分别为66.25%和52.81%，接近根茎（67.96%和52.22%），优于叶提取物，而茎提取物的抑制活性最低，分别为32.23%和18.53%。从多花黄精叶甲醇提取物中分离到的两个新的非对映异构体酚类化合物具有潜在的醛糖还原酶抑制活性，半数抑制浓度（IC_{50}）分别为29.05μmol/L和22.38μmol/L。鸡头黄精叶片中分离纯化得到的多糖能使小鼠肠道菌群微生物的组成发生变化，在门水平上增加厚壁菌门的相对丰度，减少拟杆菌门的相对丰度，在属水平上增加乳酸菌的丰度，降低毛螺菌和拟杆菌的丰度。黄精多糖可作为益生元，调节肠道益生菌，显著提升短链脂肪酸水平，包括乙酸、丙酸和丁酸。

随着黄精人工栽培面积的快速增长，叶、花、果实的产量大幅度增加，然而多花黄精的研究主要集中在药用部位干燥根茎上，其叶、花、果实等非药用部位未能得到有效利用而造成大量浪费。生产实践表明，采集1t黄精根部药材会产生约400kg茎叶的副产物，一般做丢弃处理，既浪费资源又污染环境。因此，为有效提高黄精药材的综合利用价值，获取更大的经济收益，对黄精花、叶、茎、果实等非药用部位进行深入研究，阐明其物质基础和活性功效极有必要。

综上所述，与传统的药用部位相比，黄精的花、叶、果实等部位在酚类成分、黄酮类成分、氨基酸类成分、抗氧化能力等方面有着较大优势，具有食品（保健食品）、护肤品等产品开发的潜力。

第三章　黄精功效

　　自从《神农本草经》首次记载黄精久服去面黑鼾，好颜色，润泽，轻身，不老；《名医别录》记载黄精味甘，平，无毒，主补中益气，除风湿，安五脏，久服轻身、延年、不饥以来，黄精在健脾、润肺、益肾等方面的应用经久不衰，《圣济总录》《备急千金要方》《千金翼方》《丹溪心法》《太平惠民和剂局方》等记录的黄精经典名方沿用至今，2020年版《中国药典》收载的36种黄精中成药年产值超过50亿元，在益气补肾、健脾和胃、养心安神、滋阴壮阳、扶正固本方面有令人信服的功效。

　　现代研究表明，黄精具有抗糖尿病、调节肠道菌群、提高免疫力、抗肿瘤、降血脂、抗病毒、抗菌、抗炎、抗氧化、抗疲劳、神经保护、预防骨质疏松等功效，与传统上的黄精具有健脾、润肺、益肾的功效一脉相承（图3-1）。

（一）抗糖尿病

　　糖尿病（diabetes mellitus，DM）作为一种多病因导致的慢性高血糖代谢性疾病，是继心脑血管疾病和肿瘤之后21世纪全球面临的最严重的健康问题之一，会引起严重的并发症。国际糖尿病联盟（IDF）2019年《全球糖尿病概览》（第9版）指出，截至2019年，在20～79岁的人群中，约有4.63亿DM患者，其中中国DM患者人数排名第一。引起2型糖尿病（T2DM）的主要原因是膳食营养不均衡、体力活动减少、超重和肥胖症，进而导致胰岛素分泌不足，或葡萄糖转运蛋白4（GLUT-4）调节缺陷导致葡萄糖摄取缺陷、肥胖症和氧化应激等代谢异常引起的胰岛素抵抗（IR）。

　　中医历史上，根据"三多一少"（多饮、多食、多尿及体重减少）的临床症状，糖尿病属于"消渴"范畴。中医学的消渴病始见于《黄帝内经·奇病论》，中医所论消渴，肺热伤津、口渴多饮为上消；胃火炙盛、消谷善饥为中消；肾不摄水、小便频数为下消。肺燥、胃热、肾虚并见，或有侧重，而成消渴，缺一而不能成此证。上述"口渴多饮，消谷善饥，小便频数"，即所谓的"三多"。现代糖尿病中，脂肪和甜食摄入过多是主要原因，约80%的糖尿病患者肥胖或超重，没有明显的"三多一少"症状。

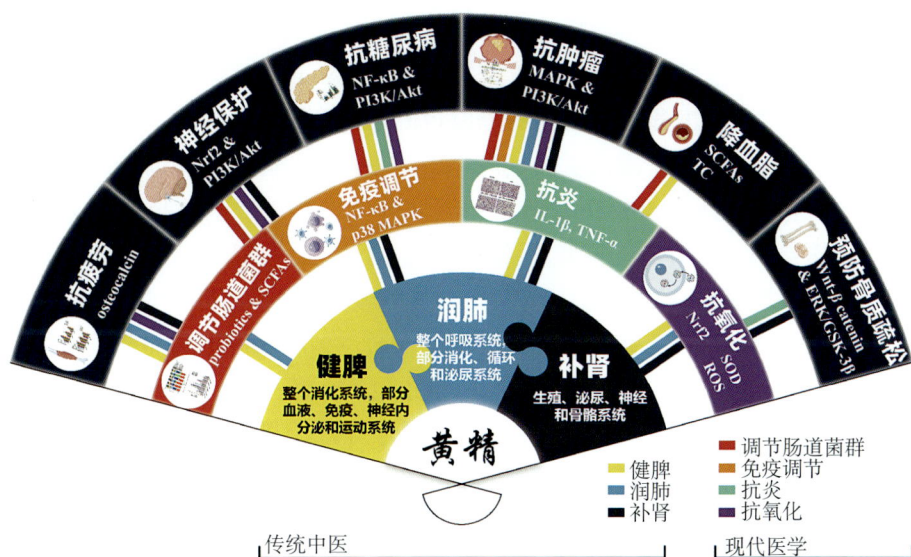

图3-1　黄精传统与现代功效

　　历代本草除玉竹外，虽然未记载黄精属其他植物用于消渴症，但所记载黄精属多种植物的功效"补诸虚"，恰是针对消渴症之根本，"填精髓，平补气血而润"，表明黄精既滋补阴液之不足，又补气血之虚损，滋阴润燥以清热，可谓标本兼顾。如《名医别录》记载"主补中益气，除风湿，安五脏，久服轻身、延年、不饥"；《本草纲目》记载"黄精补诸虚，止寒热，填精髓，平补气血而润……使五脏调良，肌肉充盛，骨髓坚强"；《滇南本草》记载"黄精，主五劳七伤，助筋骨、益脾胃、开心肺，能辟谷，补虚、添精，服之效矣"。现代药理证明黄精具有补气养阴、健脾、润肺、益肾等功效，历版《中国药典》记载黄精用于脾胃气虚，口干食少，肺虚燥咳，内热消渴症状。因此，从中医理论和历代本草记载来看，黄精属植物治疗糖尿病是有实践依据的。除汉族外，藏族、蒙古族、苗族、彝族、羌族和土族等也有记载使用这种植物预防和治疗糖尿病。

　　现代研究表明，黄精在预防和治疗糖尿病方面具有丰富的物质基础和药理验证。黄精不含淀粉，富含以果聚糖为主的非淀粉多糖和寡糖，通过合理加工转化为果糖（其血糖生成指数仅为葡萄糖的1/5），可有效地控制餐后血糖和胰岛素应答。黄精多糖、黄酮和皂苷均可通过抑制α-淀粉酶和α-葡萄糖苷酶而抑制糖类消化，从而延长葡萄糖消化和吸收的时间，发挥降低餐后血糖的功能。它们还可以通过抑制NF-κB和JNK途径，减少炎症因子的产生，降低血清肿瘤坏死因子-α（TNF-α）、白细胞介素-1β（IL-1β）、白细胞介素-6（IL-6）、干扰素γ（INF-γ）和转化生长因子-β（TGF-β）的水平，恢复胰岛素敏感性，预防并发炎症的发生。黄精多糖和皂苷预防和治疗糖尿病及其并发症的机制还包括：调节肠道微生物菌群的比例，恢复肠道菌群稳态，维护肠道健康；直接或间接增加短链脂肪酸的含量，进而增加肌肉和肝脏细胞的糖原合成，减少糖原和脂肪分解，激活脂肪细胞过氧化物酶体增殖物激活受体（PPARγ）的表达和抑制炎症因子的分泌；预防和减轻肥胖症。此外，黄精多糖和黄酮均可促进肠道细胞胰高血糖素样肽-1（GLP-1）的分泌，进而促进胰岛β细胞胰岛素的分泌，降低餐后血糖值，增加饱腹感。黄精黄酮还可通过激活 AMPK 信号和恢复胰岛素通路（PI3K-AKT 途径）促进脂肪、肌肉和肝脏细胞对葡萄糖的摄取，通过抑制肠道细胞葡萄糖转运蛋白（GLUT2）和钠-葡萄糖协同转运蛋白 1（SGLT1）而减少肠道细胞对葡萄糖的吸收，通过激活 PDX-1/cAMP/PKA/CREB 通路保护胰岛β细胞和通过增加超氧化物歧化酶（SOD）等抗氧化剂的含量发挥清除自由基的抗氧化作用。

（二）调节肠道菌群

令人信服的证据证明肠道菌群与人的一生休戚与共，其重要性不仅体现在消化系统中，还与血糖和血脂水平以及肿瘤等疾病密切相关，肠道菌群还通过微生物-肠-脑轴影响大脑和神经功能，与许多神经性疾病有关。

现代研究表明，黄精中的多糖和皂苷都具有改善和调节肠道菌群的作用。其中多糖主要经由肠道末端的益生菌分解为小分子短链脂肪酸（SCFA）而被吸收利用，起到调节肠道菌群的作用。黄精中皂苷类成分可通过调节肠道微生物的比例，增加益生菌数量，减少有害细菌数量，促进 SCFA 产生菌在肠道中的生长，恢复肠道菌群之间的平衡。SCFA 的积累降低了肠道的 pH，促进了微量元素的吸收，抵抗了病原微生物的入侵，从而降低了血液中脂多糖（LPS）的含量。SCFA 还可以促进结肠细胞中 GLP-1 和多肽 YY（PYY）的分泌，以及体内某些细胞中 PPARγ 的分泌；还作为信号分子与肠道上皮细胞和免疫细胞表面的 GPR41 和 GPR43 结合，调节促炎细胞因子如 IL-1β 的分泌。此外，SCFA 在免疫细胞和脂肪细胞中充当组蛋白去乙酰化酶（HDAC）抑制剂，通过染色质状态调节这些细胞的转录。

（三）免疫调节

免疫是维持机体平衡的重要机制，而免疫失衡则是百病之源。免疫与肿瘤，心脑血管疾病、糖尿病、高血压等慢性疾病，以及病毒性疾病、炎症性疾病密切相关。

各种体内、体外研究证实黄精具有免疫调节功能。黄精多糖可使环磷酰胺诱导的免疫抑制小鼠脾脏 NK 细胞毒活性和淋巴细胞的免疫应答恢复到接近正常的水平，并恢复血清中 IL-2、TNF-α、IL-8 和 IL-10 的水平，加速胸腺和脾脏指标的恢复，还可以用作潜在的免疫刺激剂。在RAW264.7细胞模型中，黄精多糖可以显著激活一氧化氮（NO）释放，并上调一氧化氮合酶（iNOS）mRNA表达，导致人核因子κB抑制蛋白α（IκB-α）降解，且在转录和翻译水平上将NF-κB p65转移到细胞核中。其免疫调节机制类似于脂多糖刺激，与NF-κB和p38丝裂原激活蛋白激酶（p38 MAPK）途径有关，以增加NO、TNF-α和IL-6的表达。黄精多糖是提高或改善机体免疫活性的主要活性物质，此外总皂苷也有一定的作用。

（四）抗氧化

黄精多糖及黄精中含有的黄酮类化合物是天然的抗氧化剂、抗衰老剂。黄精多糖显著降低小鼠骨骼肌和血清的丙二醛（MDA）含量，降低自由基活性，增强超氧化物歧化酶（SOD）和谷胱甘肽过氧化物酶（GSH-Px）的活性，增加脑细胞中Na^+-K^+-ATP和Ca^{2+}-ATP的活性，通过Ca^{2+}过载来预防衰老，降低脂质过氧化物（LPO）、脂褐质（LF）的含量和B型单胺氧化酶（MAO-B）的活性，从而增强机体的抗损伤和抗衰老作用。黄精多糖可以增强自然绝经大鼠的抗氧化能力，改善其血脂代谢，延缓衰老。衰老与线粒体DNA损伤和修复基因之间存在高度相关性，黄精多糖可通过改善肝线粒体的能量代谢、降低DNA聚合酶γmRNA的表达、增强呼吸链酶复合物的活性来发挥抗衰老作用。黄精多糖能通过激活SIRT1/AMPK/PGC-1α信号通路，增强细胞内的抗氧化活性，提高HT22细胞的存活率，改善线粒体功能，保护细胞免受氧化损伤。黄精提取物具有清除DPPH自由基的能力和超氧化物歧化酶活性。

（五）抗炎、抗菌、抗病毒

炎症是多种生理和病理过程的反应，慢性炎症是肿瘤发生发展的诱发因素之一，炎症因子与慢性疾病（2型糖尿病、肥胖、动脉粥样硬化、心脑血管疾病等）密切相关。

黄精中分离得到的低聚果糖可显著抑制小鼠血清中促炎细胞因子（TNF-α、IL-1β）的水平，提高小鼠的存活率，并通过改善肺细胞结构的损伤和减少肺组织中炎性单核细胞的积累来减轻肺损伤，可以用作具有抗炎活性的潜在天然成分。黄精多糖可减轻LPS诱导的ALI大鼠肺病理变化，降低LPS诱导的髓过氧化物酶（MOP）活性，并升高肺组织中的丙二醛（MDA）含量；另外通过对TLR4/Myd88/NF-nhi通路的影响抑制炎症反应。黄精中的薯蓣皂苷在大鼠缺血性卒中模型中可以减轻炎症反应，并抑制TLR4、MyD88、NFκB、TGFβ1、HMGB1、IRAK1和TRAF6的表达。

（六）抗肿瘤

肿瘤是指机体在各种致瘤因子作用下，局部组织细胞增生所形成的新生物，因为这种新生物多呈占位性块状突起，也称赘生物。

黄精可显著抑制实验动物肺癌、宫颈癌和前列腺癌等的癌细胞增长。此外还对S180腹水瘤、H22实体瘤、人乳腺癌细胞（MCF-27、MDA-MB-435）、人白血病细胞（HL-60）、人肺癌细胞（H14）、人食管癌细胞（ECA-109）、人胃癌细胞（HGC-27）、人结直肠腺癌细胞（HCT-8）等均具有显著的抑制作用。

黄精多糖抗肿瘤的作用机制可能是：①通过阻断G2/M期抑制癌细胞增殖；②降低抗凋亡基因（*Bcl-2*和*Bcl-xL*）的mRNA表达和Bcl-2蛋白表达，上调线粒体途径凋亡基因（*Bak*、*Cytc*、*Puma*、*caspase-3*、*caspase-7*、*caspase-9*）和caspase-3、caspase-7、caspase-9蛋白的表达，从而促进癌细胞凋亡，发挥抗癌作用；③选择性抑制前列腺癌相关成纤维细胞（CAF）的生长，而不抑制正常成纤维细胞的生长。黄精多糖还可以通过TLR4-MAPK/NF-κB信号通路作用于Eca109/CAFs/人宫颈癌细胞（HeLa）等。

黄精甾体皂苷通过PI3K/Akt/mTOR信号通路作用于Hela/HepG2/人子宫内膜癌症细胞等，对人类乳房癌细胞MCF-7有一定抑制作用，甾体皂苷、甲基原薯蓣皂苷和薯蓣皂苷通过抑制HeLa细胞或人子宫内膜癌石川细胞中的caspase-3、caspase-8和caspase-9蛋白受体通路和线粒体通路促进细胞凋亡。黄精高异黄酮类化合物对人乳腺癌细胞MCF-7、人肝癌细胞HepG2及其他人类肿瘤细胞（HL-60、SMMC-7721、A-549、MCF-7、SW-480）有显著抑制作用。此外，凝集素主要通过ROS-p38-p53、MAPK、NF-κB、Ras-Raf和PI3K-Akt等信号通路，对多种肿瘤细胞产生抑制。

（七）降血脂

对高血脂大鼠、小鼠、仓鼠和家兔的研究表明，黄精多糖能够辅助治疗动脉粥样硬化，可显著降低血清中总胆固醇（TC）、三酰甘油（TG）、低密度脂蛋白胆固醇（LDL-C）的含量，还可以升高患病小鼠血清中高密度脂蛋白胆固醇（HDL-C）的含量，提高体内红细胞压积、增强其活力，改善血液黏稠度和血液的沉积程度，减少主动脉内泡沫细胞的形成，降低血脂水平，防止细胞凋亡和坏死。黄精多糖可促进肠道益生菌的生长，加强群体感应信号通路，产生短链脂肪酸而调节脂质代谢，进而改善高脂饮食大鼠的脂质代谢紊乱。黄精提取物通过促进线粒体功能减轻高脂饮食诱导的大鼠非酒精性脂肪性肝病，并显著抑制血清中丙氨酸转氨酶、天冬氨酸转氨酶活性和TC、LDL-C含量以及肝脏中TC和TG含量的升高，降低HDL-C含量，抑制肝脏肿大，而不影响进食。

（八）抗疲劳

黄精多糖具有较好的抗疲劳作用，可以显著增强疲劳小鼠的运动耐力和延长疲劳小鼠的运动时间，降低小鼠血液中尿素氮的含量，提高肝糖原和肌糖原含量，从而缓解疲劳；生品黄精经过各种炮制后，也都可以提高小鼠肝糖原的储备量，使小鼠的负重耐力增强、负重时间增长。

多花黄精多糖可以降低血清乳酸（LA）、血尿氮（BUN）和丙二醛（MDA）的含量，提高SOD、谷胱甘肽过氧化物酶（GSH-Px）的水平，增加肝糖原、肌糖原和肌肉腺苷三磷酸（ATP）的储备量，以及增加肌纤维的横截面积，显著提高骨骼中骨形态发生蛋白-2（BMP-2）、磷光体-Smad1、Runt相关转录因子2（Runx2）和骨钙素（OC）的水平，增强骨骼肌中磷酸化cAMP反应元件结合蛋白（p-CREB）和磷酸化激素敏感脂肪酶（p-HSL）的骨钙素信号传导介质的表达等，从而提高小鼠的抗疲劳能力。

（九）神经保护

黄精多糖能够显著改善患病大鼠的学习记忆能力，通过改善突触结构重塑性来保护小鼠海马CAI区的突触结构，从而改善阿尔兹海默病。这可能是通过减弱Bax/Bcl-2比率的升高，抑制caspase-3的激活，增强PI3K/Akt信号通路，减少β-淀粉样蛋白25～35片段（Aβ25～35）诱发的细胞死亡，发挥神经细胞保护作用。滇黄精多糖（PSP）改善了帕金森病小鼠的运动活性缺陷和多巴胺能神经元损失，并且抑制了活性氧的产生，以剂量依赖性方式促进N2a细胞的增殖，同时表现出对氧化应激性损伤和神经元凋亡的保护作用。这些作用与p70S6K和4E-BP1信号通路的激活，以及NAD（P）H：醌氧化还原酶的激活有关，且无慢性毒性。

（十）预防骨质疏松

黄精多糖通过基于miR-1224的Hippo信号通路在体外抑制破骨细胞生成，从而预防骨质疏松症。从黄精中分离出的新型多糖PSP50-2-2能促进MC3T3-E1细胞成骨矿化，可用于治疗骨质疏松症。用PSP处理后的小鼠β-连环蛋白的核积累增加，骨细胞相关基因的表达更高，促进了小鼠骨髓基质细胞（BMSC）的成骨分化；另外，通过增加β-连环蛋白的核积累，可降低破骨细胞相关基因的表达，抑制核因子NF-κB配体（RANKL）诱导的破骨细胞生成，并在体内对脂多糖诱导的骨溶解发挥预防性保护作用。因此，PSP有效地促进了小鼠BMSC的成骨分化，并抑制了破骨细胞的生成，可用于治疗骨质疏松症。

黄精多糖的功能及其对信号通路的影响见表3-1。

表3-1　黄精多糖的功能及其对信号通路的影响

功能	活性成分	实验模型	信号通路	结果
抗糖尿病	多糖	人结直肠腺癌细胞-716细胞体外实验和小鼠体内实验	T1R2/T1R3介导的cAMP	提高口服和回肠给药后血浆GLP-1含量，刺激肠内分泌细胞的GLP-1分泌
		HepG2细胞的体外实验和链脲佐菌素诱导的糖尿病小鼠的体内实验	PI3K/Akt	改善胰岛素耐受性，影响血脂代谢
		雄性2型糖尿病大鼠的体内实验	NA	改善糖尿病大鼠的肠道微生态学研究
		高脂饲料诱导的斯普拉格-道利大鼠体内实验	LPS-TLR4/NF-κB	调节肠道菌群的组成，丰度和多样性，减轻炎症，增加短链脂肪酸的含量
	粗多糖（APS）	高脂饲料诱导的糖尿病斯普拉格-道利大鼠体内实验	STRs/HOMA-IR	缓解T2DM大鼠的症状，改善HOMA-IR并促进胰岛素分泌；通过激活STRs通路，促进葡萄糖转运和脂肪生成
	多糖	链脲佐菌素诱导的糖尿病斯普拉格-道利大鼠体内实验	NA	通过缓解链脲佐菌素诱导的高血糖视网膜病变和白内障，少氧化应激来减缓糖尿病视网膜病的进展
益生元活性	多糖	体外发酵实验	NA	促进粪便杆菌的生长，增强群体感应信号通路
	果聚糖和半乳聚糖	体外发酵实验	NA	促进双歧杆菌和乳酸菌株的生长
免疫调节	多糖	RAW264.7细胞体外实验	NA	促进扩散
		RAW264.7细胞体外实验	NF-κB/p38 MAPK	上调炎症细胞因子（TNF-α、IL-6）、炎症介质（iNOS、COX-2）及关键信号通路分子（NF-κB、p38 MAPK）的表达水平，促进一氧化氮（NO）的合成
		RAW264.7细胞体外实验和小鼠体内实验	NA	激活巨噬细胞体外吞噬能力，增强体内巨噬细胞的功能
	硫化多糖	RAW264.7细胞体外实验	MR/TLR4介导	促进自然杀伤细胞活性，刺激细胞因子（IL-1β、IL-6、IL-10、IL-12）的产生

（续）

功能	活性成分	实验模型	信号通路	结果
免疫调节	多糖（POP-1）	RAW264.7细胞体外实验	NA	增强巨噬细胞的吞噬活性，表现出免疫调节活性，并刺激IL-6的产生
	多糖（PCP-1）	RAW264.7细胞体外实验	NA	增强巨噬细胞的吞噬活性，表现出免疫调节活性，并刺激IL-6的产生
抗氧化	多糖	帕金森病小鼠体内实验	红系核因子2（Nrf2）	增加还原性氧化谷胱甘肽的比例
	多糖	高葡萄糖（HG）刺激的ARPE-19细胞建立体外糖尿病视网膜病变模型	Nrf2/血红素加氧酶-1（HO-1）	减轻HG诱导的氧化应激、炎症反应和细胞凋亡，降低Nrf2逆转黄精多糖对ARPE-19细胞的保护作用
	多糖（PSPJWA）	体外抗氧化实验	NA	对DPPH自由基、Fe^{3+}、羟自由基、ABTS自由基具有清除作用
抗衰老	多糖	D-半乳糖诱导的大鼠体内实验	NA	提高学习记忆力、调节Klotho-FGF23内分泌轴、减轻氧化应激
	多糖	D-半乳糖诱导的大鼠体内实验	构建circRNA-miRNA-mRNA网络，GO富集分析和KEGG通路	有效改善大脑衰老过程中的认知功能障碍
抗炎	多糖	小鼠体内实验	NA	抑制炎症细胞因子IL-1β和TNF-α的表达、减少肺部炎症单核细胞的积累
抗肿瘤	多糖	RAW264.7细胞的体外实验和荷瘤小鼠的体内实验	NTLR4/Myd88/NF-κB/p38 MAPK	激活TLR4与下游的p38 MAPK和NF-κB通路，增加TNF-α、IL-1β、IL-6、IL-12p70的表达
	多糖	Eca109细胞的体外实验	NF-κB	抑制Eca109细胞增殖、侵袭和迁移，促进细胞凋亡
	多糖	HeLa细胞的体外实验	死亡受体/线粒体	抑制Eca109细胞增殖、抑制细胞周期进入G2/M期、导致细胞凋亡

（续）

功能	活性成分	实验模型	信号通路	结果
抗疲劳	多糖	小鼠体内实验	骨钙素	增加肝糖原和肌糖原的含量；调节骨钙素信号通路
	多糖	斯普拉格-道利大鼠体内实验	NA	提高总抗氧化能力和血液 SOD 活性
神经保护作用	多糖	PC12 细胞的体外实验	PI3K/Akt	降低 PC12 细胞凋亡
	多糖	帕金森病小鼠体内实验	PI3K/Akt/ mTOR/Nrf2	改善神经毒素 MPTP 诱导的运动活性缺陷和多巴胺能神经元损失，抑制其活性代谢物 MPP$^+$ 诱导的活性氧产生
预防骨质疏松	多糖	卵巢切除大鼠体内实验	NA	逆转骨丢失和预防成骨细胞增生
		骨髓基质细胞的体外实验	Wnt/β-catenin+	促进成骨细胞分化和抑制破骨细胞生成与 β-连环蛋白的核积累增加有关
		C576BL/6 小鼠骨髓间充质干细胞的体外实验	Wnt/β-catenin/ ERK/GSK-3β/ β-catenin+	促进成骨细胞分化和矿化，降低 GSK-3β 水平
		骨髓源性巨噬细胞的体外实验	Hippo	提高 Limd 1 的水平，抑制破骨细胞的形成，逆转骨丢失，防止成骨增生
		MC3T3-E1 细胞的体外实验	NA	促进 MC3T3-E1 细胞的分化和矿化
肾脏保护	多糖	庆大霉素诱导的急性肾损伤大鼠体内实验	p38 MAPK/激活转录因子 2 (ATF2)	降低肾脏中 NGAL、KIM-1、IL-1β、IL-6、TNF-α 和 p38 MAPK mRNA 的表达
		铀对人肾细胞的体外毒性研究	线粒体/糖原合酶激酶-3β (GSK-3β) /Fyn/Nrf2	增加代谢活性，缓解形态学损伤，减轻细胞凋亡，减轻铀诱导的细胞毒性

第四章　黄精健康美食

中国历史上伟大的医学家、药学家孙思邈认为"为医者，当须先洞晓病源，知其所犯，以食治之。食疗不愈，然后命药""若能用食平疴，释情遣疾者，可谓良工"。近一个世纪以来，现代医学也普遍意识到单一营养素已经不足以解释慢性疾病的发生机制或者预防慢性疾病，并形成了共识：药物只能控制慢性疾病，而不是治愈；营养是解决慢性疾病的关键。很多营养或功能成分（因子）的储存和传送必须借助食物载体（或结构载体）；载体的多尺度微结构性质直接影响功能成分的有效性，包括其在机体内的传递、释放和被吸附利用等。如水果与果汁的比较，如果仅从能量和营养成分考虑，两者没有什么根本的区别，但是，世界卫生组织/联合国粮食及农业组织认为食用水果使人健康，食用果汁导致肥胖、糖尿病等。其主要原因是载体的不同，由于细胞壁和膳食纤维的存在，水果中糖（内源糖）的消化速度往往比果汁中的游离糖慢，进入血流的时间也更长。因此，可以明确地说，两个同一来源的食品，因其形式和载体的不同，其营养健康效果有着很大的不同。同一个功效成分，作为药品使用时主要针对靶点，作为食品使用时，食品化过程中功效成分与食品载体发生互作，多个功效成分之间也会发生互作。

可喜的是，2019年黄精产业国家创新联盟成立以来，提出从食物本质出发，以其载体为基础，依靠厨师、药师、医师，基于黄精营养与功效、饮食方式、愉悦程度、消化和吸收开发全物料利用的厨房、超市系列产品。本章重点介绍黄精相关美食（图4-1）。

一、黄精在主食功能化中的应用

（一）黄精在主食中的应用研究进展

1. 黄精多糖对甘薯淀粉理化特性的影响

（1）黄精多糖对甘薯淀粉糊化特性的影响（图4-2）。甘薯淀粉添加黄精多

图4-1 黄精美食宝塔

糖后，高压蒸煮黄精多糖和九制黄精多糖显著降低了淀粉的峰值黏度，但二者使淀粉的谷值黏度与终值黏度高于对照（图4-2）。表明黄精多糖可抑制浸出直链淀粉的聚集，有效抑制甘薯淀粉短期回生。

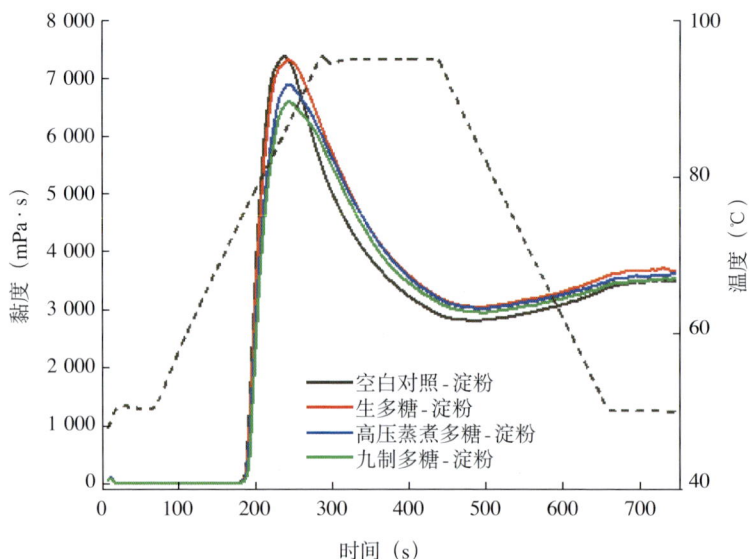

图4-2 黄精多糖对甘薯淀粉糊化特性的影响

（2）黄精多糖对甘薯淀粉凝胶质构特性的影响（图4-3）。黄精多糖降低了淀粉凝胶的硬度，黄精多糖和水之间的相互作用可能抑制了淀粉颗粒的溶胀，从而减少了凝胶网络形成，导致硬度降低。黄精多糖的加入还导致凝胶内聚性轻微降低，弹性增加，这是由于黄精多糖阻碍了淀粉颗粒间的相互作用，从而导致内聚性降低，而多糖能够促进三维网状结构的形成，从而增加淀粉的弹性。咀嚼性

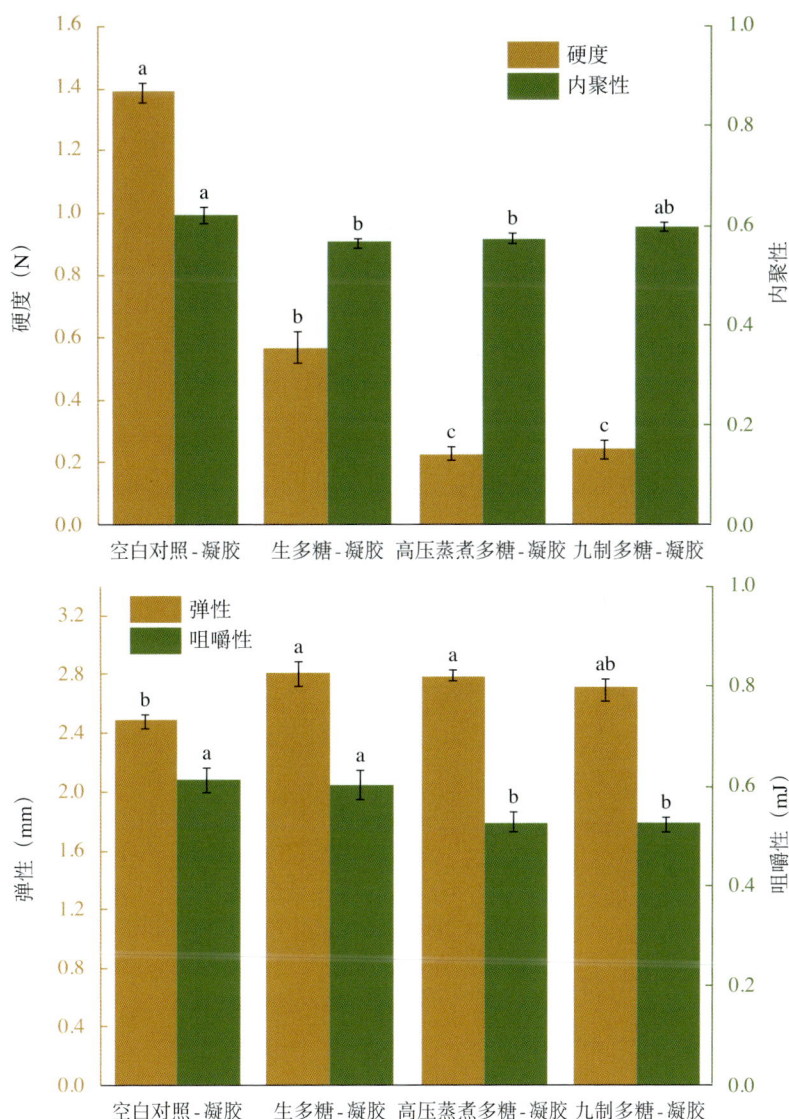

图4-3 黄精多糖对甘薯淀粉凝胶质构特性的影响

注：内聚性指第二次压缩样品时正峰面积和第一次压缩时正峰面积的比值。不同小写字母表示0.05水平差异显著。下同。

是食品质量的一个重要指标，通常淀粉类食品的咀嚼性越低，食品的口感越好。本研究结果表明，高压蒸煮黄精多糖和九制黄精多糖的添加显著降低了凝胶的咀嚼性。以上结果表明黄精多糖能调节并优化淀粉凝胶质构特性。

（3）黄精多糖对甘薯淀粉流变特性的影响（图4-4）。甘薯淀粉凝胶的表观黏度随剪切速率的增加而降低，表现出假塑性流体的典型剪切稀化行为。生黄精多糖和高压蒸煮黄精多糖的加入增加了甘薯淀粉凝胶的表观黏度，表明生黄精多糖和高压蒸煮黄精多糖对甘薯淀粉凝胶都具有增稠作用。而九制黄精多糖的加入使甘薯淀粉凝胶表现出更低的表观黏度。此外，储能模量和损耗模量随角频率的增加而增加，表明所有甘薯淀粉凝胶均表现出典型的类凝胶行为。在较低的角频率（<10 rad/s）下，含黄精多糖的甘薯淀粉凝胶的损耗模量显著低于对照，但随着角频率的增加，处理间的损耗模量差异变得不明显。这些观察结果表明，淀粉和黄精多糖之间存在强烈的相互作用，这种作用与角频率高低有关。本研究中，甘薯淀粉凝胶的储能模量/损耗模量值小于1，表明这些凝胶为弹性凝胶。另外，生黄精多糖降低了储能模量/损耗模量值，表明黄精多糖能够赋予淀粉凝

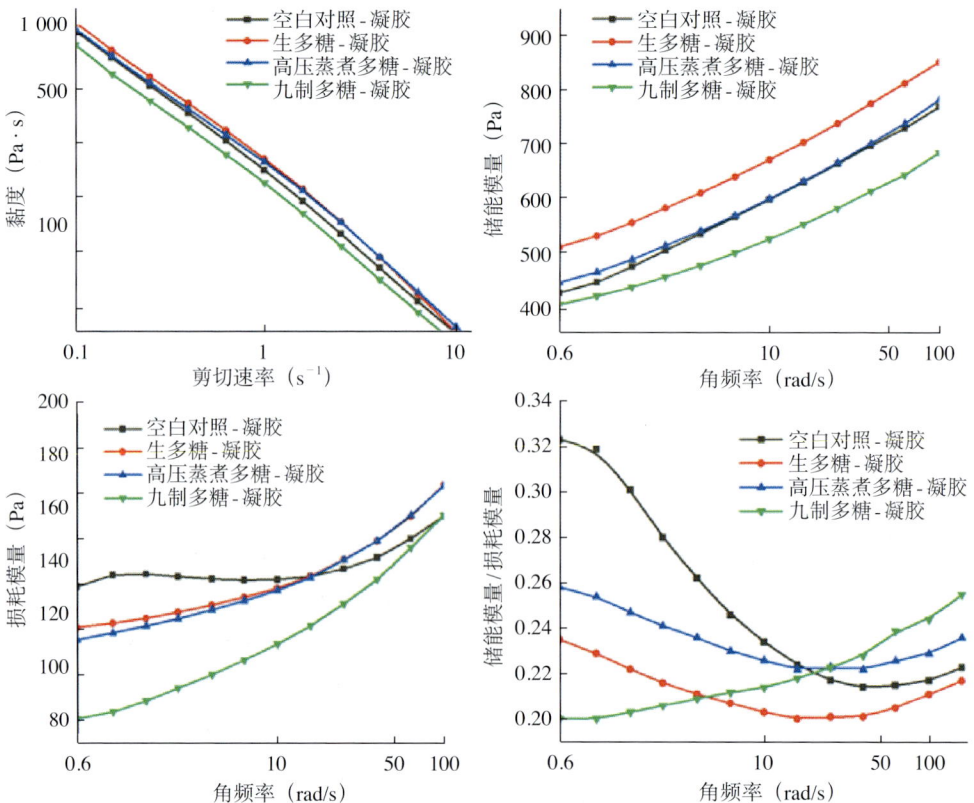

图4-4　黄精多糖对甘薯淀粉流变特性的影响

胶更好的弹性，且生黄精多糖的效果较好。

（4）黄精多糖对甘薯淀粉溶解度和溶胀力的影响（图4-5）。淀粉的溶解度和溶胀力特性分别表征了直链淀粉从淀粉颗粒中浸出的程度和淀粉颗粒对水的吸附能力。添加黄精多糖后，甘薯淀粉的溶解度增加，而溶胀力则有所降低。较高的溶解度和较低的溶胀力使淀粉产品更黏稠，从而使食品的质地更细，这可能有助于改善粉丝和其他弹性淀粉食品的品质。

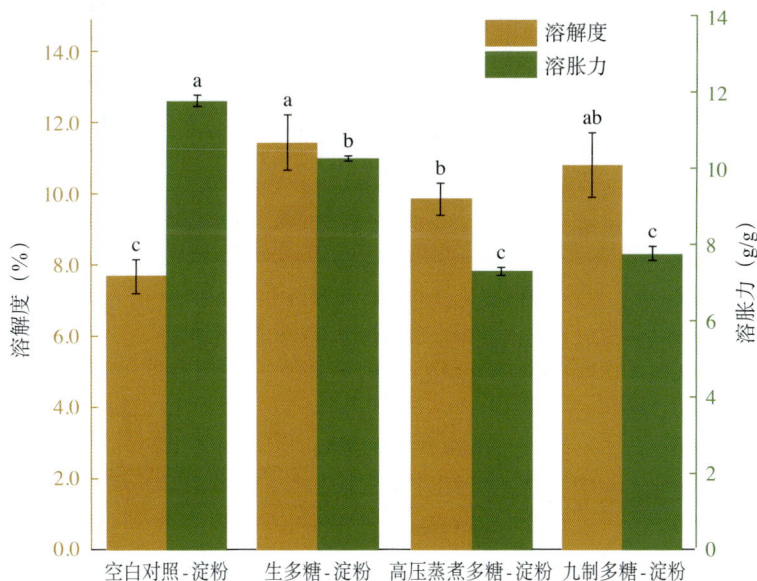

图4-5 黄精多糖对甘薯淀粉溶解度和溶胀力的影响

（5）黄精多糖对甘薯淀粉凝胶微观结构的影响（图4-6）。在所有淀粉凝胶中均观察到蜂窝状结构。黄精多糖的加入改变了淀粉凝胶的微观结构，包括内部孔洞数量增多、孔洞变小且分布不均匀，表明黄精多糖与水分子之间发生的相互作用影响了淀粉凝胶的微观结构。

（6）黄精多糖对甘薯淀粉结晶特性的影响（图4-7）。天然甘薯淀粉在15°、17°、18°和23°处的强衍射峰符合典型的A型晶体特征。本研究中，添加或不添加黄精多糖的甘薯淀粉凝胶在17°处呈现单峰，样品之间的峰强度无显著差异。糊化后，含黄精多糖的甘薯淀粉凝胶的相对结晶度明显低于对照凝胶（图4-7中括号内数值）。表明黄精多糖降低了淀粉凝胶的相对结晶度，这可能是由于黄精多糖阻碍了淀粉糊化后的重结晶。

（7）黄精多糖对甘薯淀粉短程有序结构特性的影响（图4-8）。吸光度比值A_{1047cm}/A_{1022cm}和A_{1022cm}/A_{995cm}分别对应甘薯淀粉凝胶的有序度和双螺旋度。如

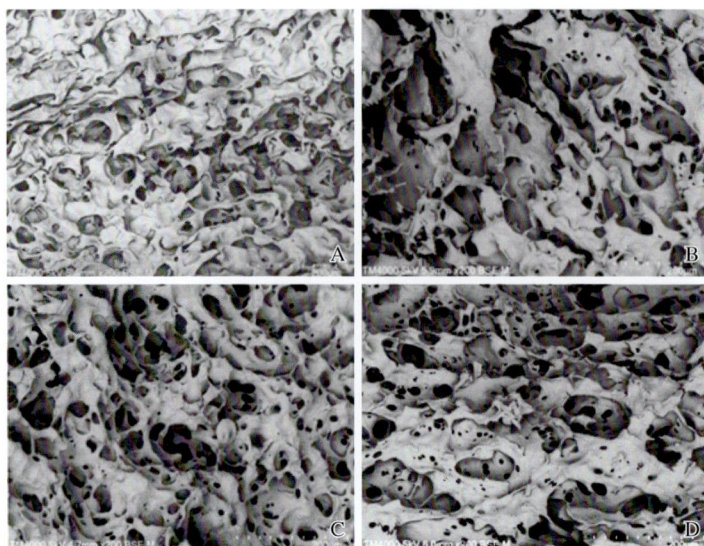

图4-6　黄精多糖对甘薯淀粉凝胶微观结构的影响（200×）

A.对照组凝胶　B.添加生黄精多糖的凝胶
C.添加高压蒸煮黄精多糖的凝胶　D.添加九制黄精多糖的凝胶

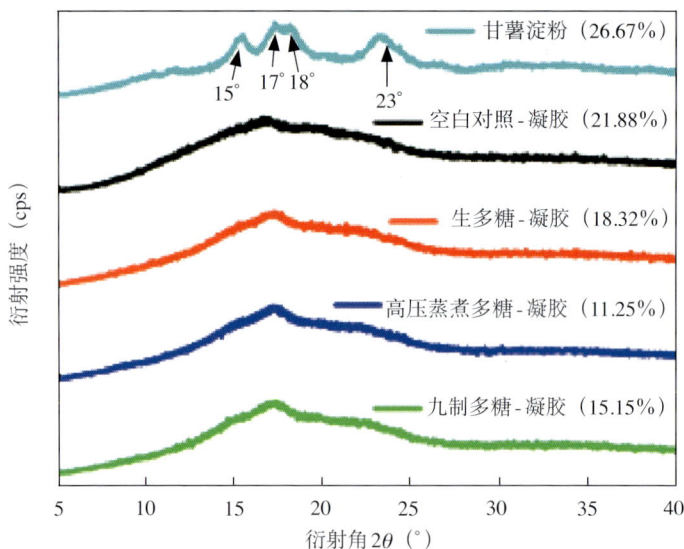

图4-7　黄精多糖对甘薯淀粉结晶特性的影响

注：图中括号内数值表示淀粉或凝胶的相对结晶度。

图4-8C所示，黄精多糖可增加甘薯淀粉凝胶的有序度，降低双螺旋度。黄精多糖使甘薯淀粉凝胶的有序度值升高，这可能是因为黄精多糖分子可通过氢键、疏水作用或分子缠绕与淀粉的外侧链相互作用，限制淀粉分子的自由移动，使淀粉

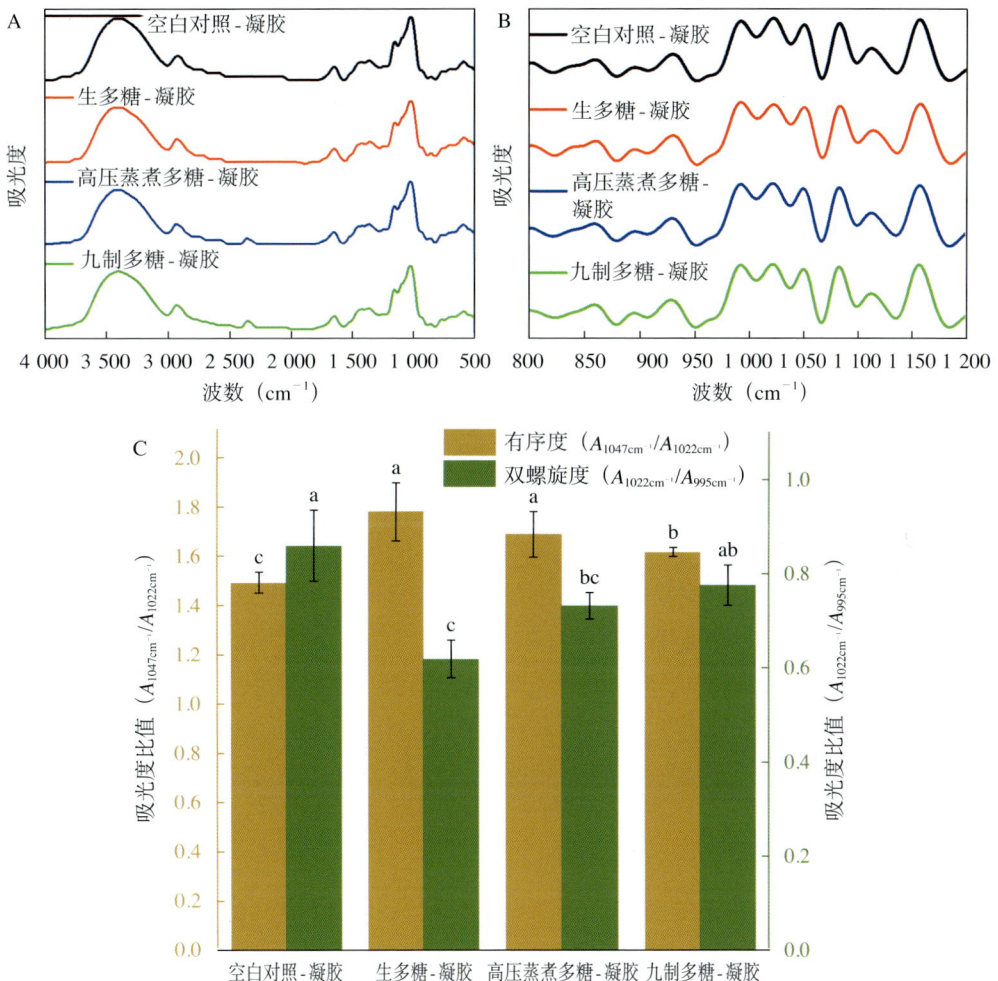

图4-8 黄精多糖对甘薯淀粉短程有序结构特性的影响

A.波数500~4 000cm^{-1}下的凝胶光谱图　B.波数800~1 200cm^{-1}下去卷积后的凝胶光谱图
C.凝胶的有序度和双螺旋度

颗粒之间的接触更为紧密，从而导致凝胶的有序度升高。黄精多糖降低甘薯淀粉凝胶的双螺旋度可能是由于多糖和淀粉颗粒之间对水分子的竞争，导致淀粉颗粒之间的分子间氢键减弱，使得淀粉结晶区域在加热和糊化过程中被破坏。

（8）黄精多糖对甘薯淀粉热力学特性的影响（图4-9）。甘薯淀粉和添加黄精多糖的甘薯淀粉均出现一个吸热峰。吸热峰的形成源于淀粉颗粒的糊化和晶体结构的破坏。糊化焓（ΔH）表示淀粉糊化所需消耗的能量，用于表征淀粉双螺旋结构的破坏以及淀粉晶体的熔融情况，并且淀粉糊化焓值与淀粉回生值呈正相关，即糊化焓值越低，淀粉回生值也越低。本研究中，黄精多糖降低了淀粉糊化

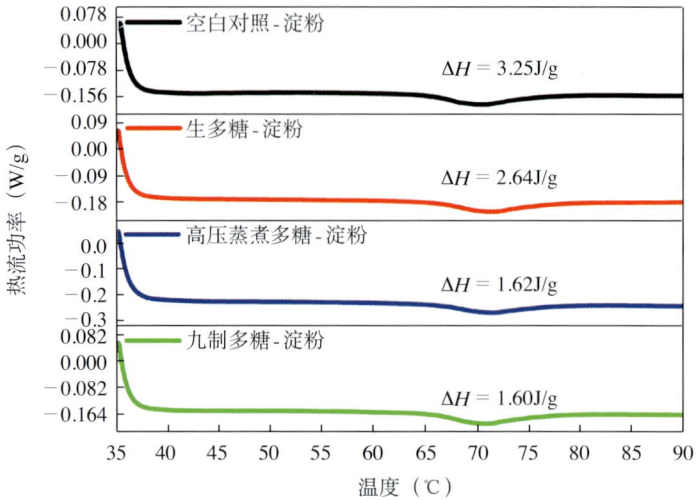

图4-9　黄精多糖对甘薯淀粉热力学特性的影响

焓值，因此抑制了甘薯淀粉的短期回生。由此可知，黄精多糖可抑制淀粉回生作用，提高淀粉食品的储藏稳定性。

综上所述，黄精多糖具备提升淀粉类食品品质的能力。本研究揭示了黄精多糖与淀粉间的相互作用机制，推动了黄精食品化创新，为黄精多糖在改善淀粉类食品感官品质、营养品质和储藏品质方面以及黄精-淀粉新产品的开发提供了坚实的理论依据。

2.黄精粉对年糕品质和特性的影响

（1）黄精粉对年糕色泽的影响（图4-10）。随着黄精粉含量的增加，年糕的颜色逐渐由白色变为浅黄色。L^*值降低，而a^*和b^*值随着黄精粉含量的增加而增加。因此黄精粉的加入能够降低年糕的亮度，并提高其绿色值和黄色值，由此改变年糕产品色泽。

（2）黄精粉对年糕感官评分的影响（图4-11）。在颜色类别中，含有40%黄精粉的样品的感官得分高于其他组。黄精粉年糕的颜色能够在一定程度上反映出药食同源原料的含量，深受追求健康食品的消费者的青睐。在味觉评估中，含有30%和40%黄精粉的样品的感官得分较低，归因于黄精粉自身存在的苦涩味道

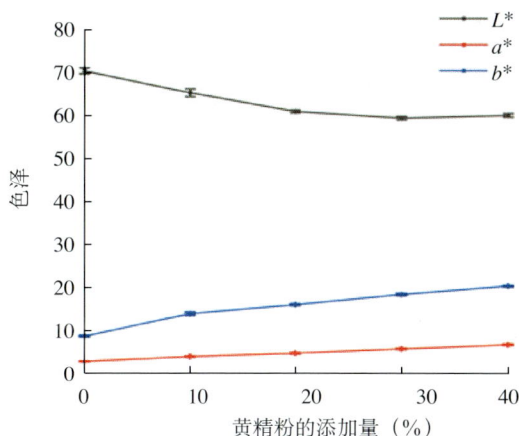

图4-10 黄精粉对年糕色泽的影响

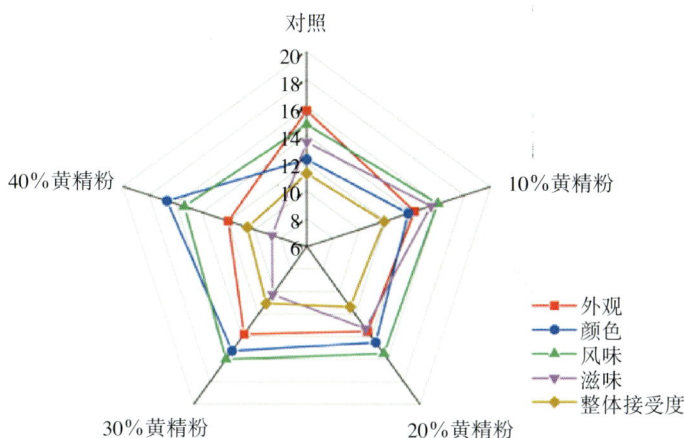

图4-11 黄精粉对年糕感官评分的影响

以及较差的黏附性和弹性。因此，只有选择适量的黄精粉作为辅助成分才能够提高年糕产品的整体感官质量。

（3）黄精粉对年糕储存期间硬度的影响（图4-12）。年糕的硬度与黄精粉含量呈负相关，4℃储存4h后40%黄精粉含量的年糕的硬度仅从3.90N增加到13.86N。因此，添加黄精粉能有效抑制年糕产品的老化。

（4）黄精粉对年糕流变特性的影响（图4-13）。在所有频率范围内，弹性模量G'都大于黏性模量G''，损耗正切tanδ均小于1，表明年糕具有弱凝胶特性。黄精粉的加入改变了年糕中淀粉的含量和比例，加强了多糖和淀粉之间的相互作用，从而增加了年糕的弹性模量G'和黏性模量G''。

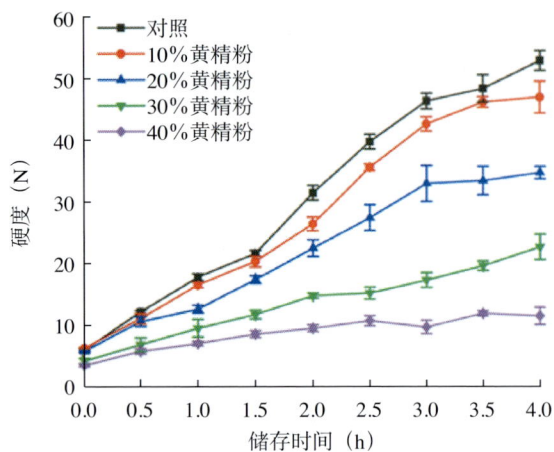

图4-12　黄精粉对储存期间年糕硬度的影响

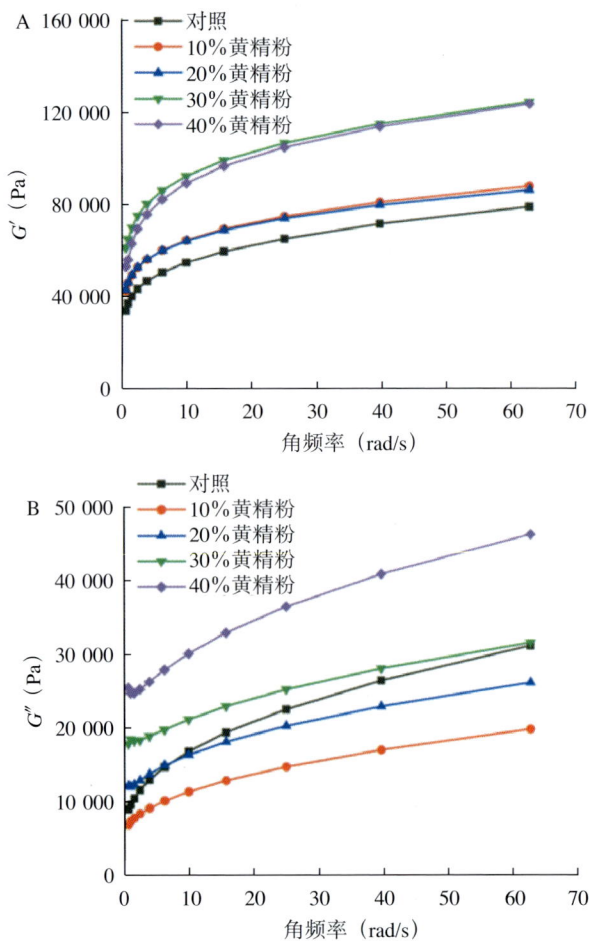

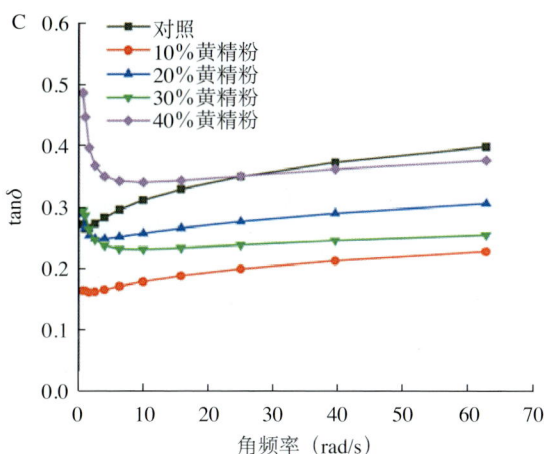

图 4-13　黄精粉对年糕流变特性的影响

A.弹性模量 G' 与频率的关系　B.黏性模量 G'' 与频率的关系　C.损耗正切tanδ 与频率的关系

（5）黄精粉对年糕淀粉消化率的影响（图4-14）。在年糕中加入黄精粉对淀粉的消化率有显著的抑制作用，且呈现出黄精粉添加量依赖性，黄精粉添加量越高，年糕淀粉消化率越低。黄精粉添加量为40%时，年糕中淀粉的水解率从88.70%降低到58.95%，显著降低了年糕淀粉的消化率，其所对应的血糖生成指数（GI）也降低，符合低GI食品的标准。

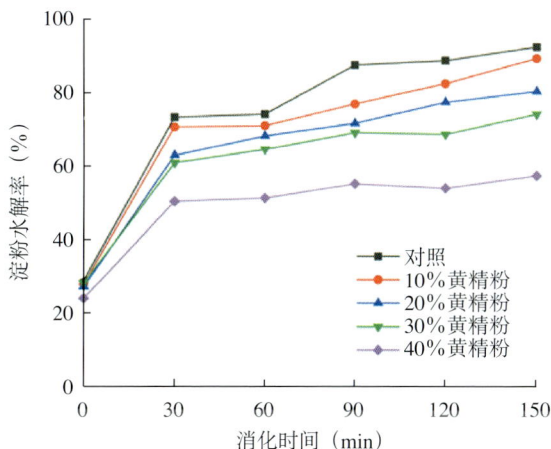

图4-14　黄精粉对年糕淀粉消化率的影响

（6）黄精粉对年糕微观结构的影响（图4-15）。采用扫描电镜放大1 000倍分析不同黄精粉添加量的年糕的微观结构特征。对照组年糕样品呈现相对光滑且较均一的表面，与之相比较，黄精年糕表面呈现出颗粒状凸起结构，且随着黄精粉添加量的增加，年糕表面颗粒状结构更密集。

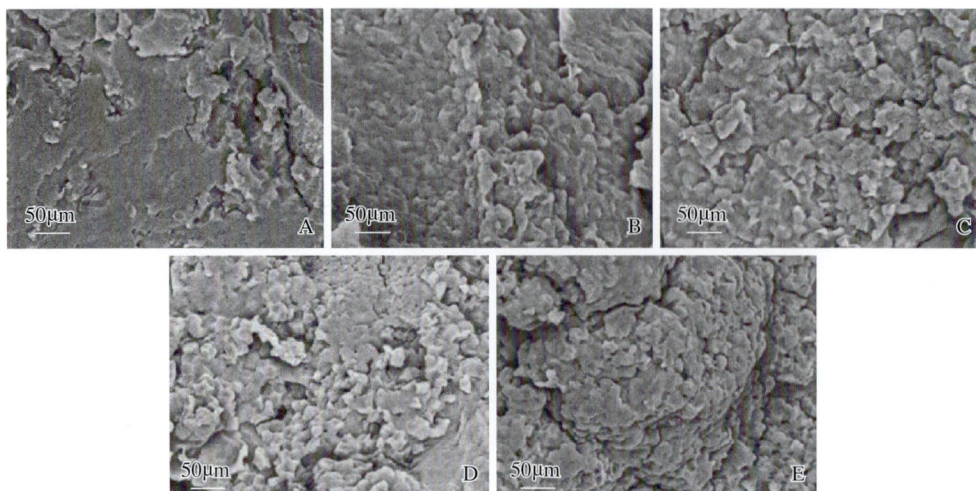

图4-15　年糕的扫描电子显微照片（1 000×）

注：A、B、C、D和E分别表示用0%、10%、20%、30%和40%的黄精粉制备的年糕。

3. 黄精粉对饼干理化性能和体外淀粉消化率的影响

黄精粉的添加对曲奇饼干中蛋白质和脂肪及淀粉含量都有不同程度的影响，表现为蛋白质和脂肪含量增加，淀粉含量整体呈降低趋势（表4-1）。

表4-1　曲奇基本成分（每100g含量）

添加量	淀粉（g）	蛋白质（g）	脂肪（g）
0%黄精粉	42.84±0.06b	7.46±0.02d	24.64±0.02d
10%黄精粉	44.78±0.17a	7.96±0.04b	28.44±0.13a
20%黄精粉	37.70±1.17c	7.84±0.02c	25.95±0.85c
30%黄精粉	32.55±0.14d	8.08±0.02a	27.40±0.18b
40%黄精粉	25.38±0.39e	7.91±0.01b	26.65±0.24bc

注：同列不同小写字母表示0.05水平差异显著。

从曲奇质构特性和感官品质分析来看，黄精粉有利于改善曲奇的食用品质，主要包括改善曲奇的硬度以及酥脆度。同时，黄精粉还能够提升曲奇的风味和外观品质。例如，黄精粉促进了曲奇在焙烤过程中更加剧烈的美拉德和焦糖化反应，使曲奇获得了更加诱人的外观品质，增加了消费者对黄精曲奇的整体接受度（图4-16）。

图4-16 黄精曲奇

A. 0%黄精粉 B. 10%黄精粉 C. 20%黄精粉 D. 30%黄精粉 E. 40%黄精粉

添加黄精粉显著增加了曲奇的硬度，其中30%黄精粉曲奇的硬度值最高，40%黄精粉曲奇的硬度与30%黄精粉曲奇无显著差异。10%黄精粉曲奇的酥脆度与对照曲奇无显著差异，黄精粉添加量大于10%时，曲奇的酥脆度显著高于对照，其中40%黄精粉曲奇的酥脆度最高（图4-17）。

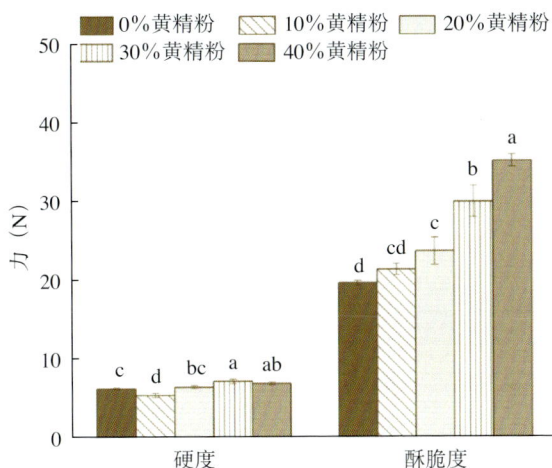

图4-17 黄精粉对曲奇质构特性的影响

曲奇的感官评价结果如图4-18所示。与对照曲奇相比，添加黄精粉的曲奇能获得更加优良的外观品质，曲奇表面变得更加光滑平整。添加黄精粉对曲奇的风味无明显负面影响，在焙烤过程中，由于高温环境的影响，黄精粉原本的生涩味被完全去除，同时黄精粉中大量多糖类物质被降解成果糖等单糖物质，为黄精曲奇增添了独特的香甜味；不仅如此，黄精中多糖类物质还增加了曲奇的膨胀性，与对照曲奇相比较，添加黄精粉增加了曲奇的厚度及直径，改善了焙烤后曲奇的酥脆程度（图4-18）。

面团的流变特性结果分析发现，添加适量黄精粉有利于增加面团的黏弹特性，特别是当添加30%黄精粉时，面团的黏弹特性最佳（图4-19）。

混合粉水溶性和溶胀性分析发现（表4-2），黄精粉显著增加了混合粉的水溶性，降低了淀粉颗粒的溶胀性。因此，在加热过程中，黄精粉能够通过包裹以

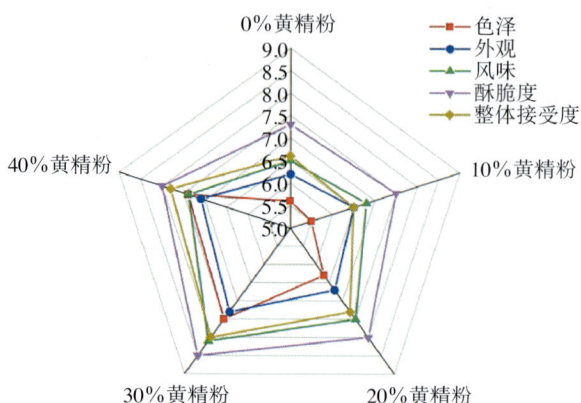

图4-18　黄精粉对曲奇感官特性的影响

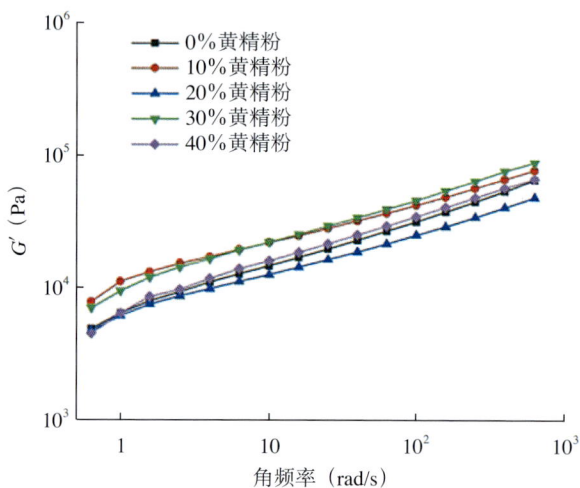

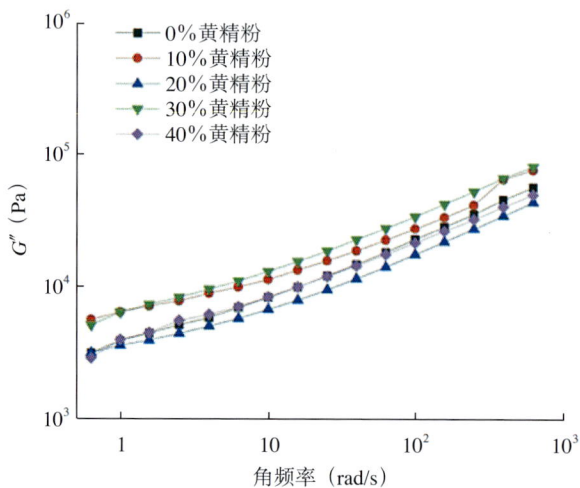

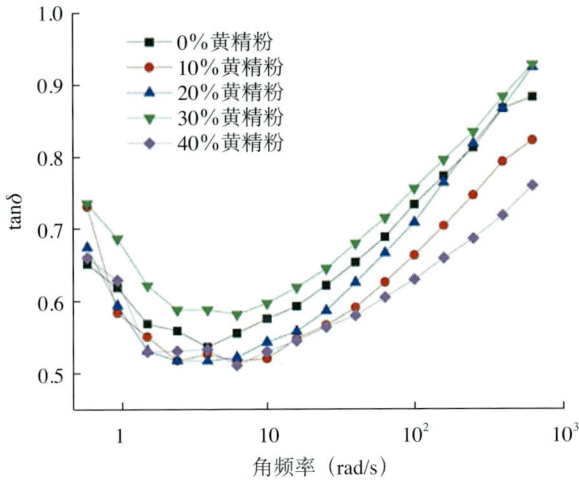

图4-19 黄精粉对曲奇面团G'、G''和tanδ的影响

及竞争水分等途径来限制淀粉颗粒的吸水膨胀以及直链淀粉的浸出，有利于降低淀粉的消化率。

表4-2 黄精粉的添加对曲奇热力学特性的影响

添加量	T_p (℃)	T_o (℃)	T_c (℃)	ΔH (J/g)
0%黄精粉	67.90±0.00a	60.75±0.07a	75.70±0.28a	1.68±0.07d
10%黄精粉	68.00±0.14a	60.75±0.07a	77.40±0.57b	1.13±0.02c
20%黄精粉	67.40±0.14a	61.20±0.57ab	77.70±1.27b	1.15±0.11c
30%黄精粉	67.50±0.28a	61.75±0.07b	77.50±0.28b	1.02±0.06b
40%黄精粉	68.00±0.42a	61.75±0.21b	78.10±0.42b	0.88±0.03a

注：T_p为糊化峰值温度，T_o为糊化起始温度，T_c为糊化最终温度，ΔH为糊化焓；同列不同小写字母表示0.05水平差异显著。

曲奇微观结构观察分析发现，黄精粉中大量非淀粉多糖与蛋白质、脂肪等成分通过吸附以及镶嵌的方式形成更多稳定的网络结构而将淀粉颗粒"围"在其中（图4-20），进而起到显著降低裸露淀粉颗粒数量的作用。

曲奇的体外消化特性结果分析发现，黄精粉显著降低了淀粉体外消化率（图4-21）。同时，通过进一步计算分析可知，黄精粉的添加降低了快消化淀粉（RDS）和慢消化淀粉（SDS）含量，增加了抗性淀粉（RS）含量。不仅如此，黄精粉对曲奇餐后血糖生成指数（GI）的降低也具有积极的影响，当添加30%和40%黄精粉时，曲奇的GI值低于55，属于低GI食品。

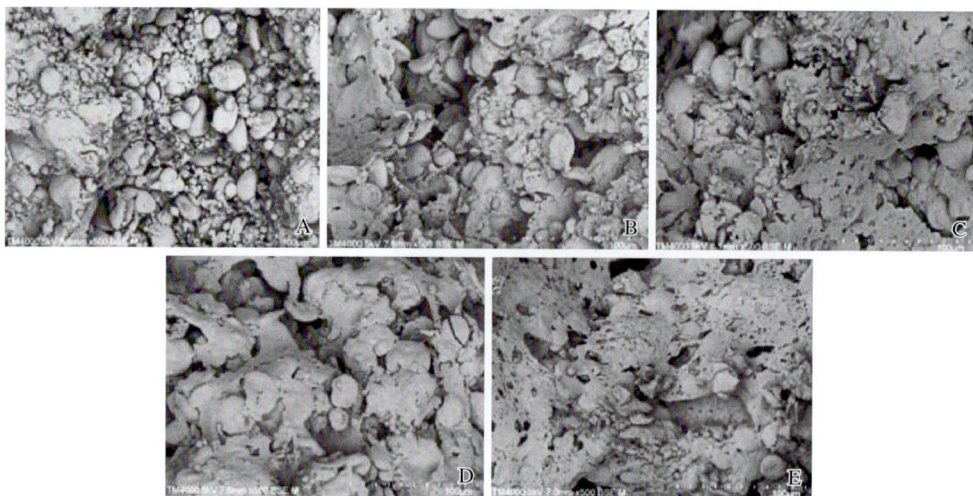

图4-20　黄精曲奇微观结构（500×）

注：A～E分别表示0%、10%、20%、30%、40%黄精粉添加量的曲奇。

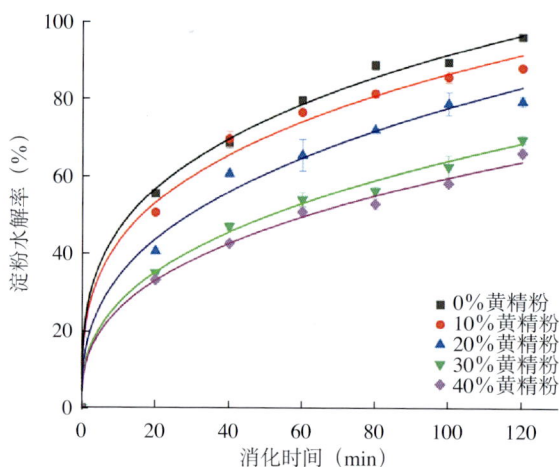

图4-21　黄精粉对黄精曲奇淀粉消化率的影响

（二）黄精功能化主粮系列产品开发

　　针对淀粉食品营养单一、升糖快的问题，利用黄精中丰富的多糖调控食品的淀粉-蛋白微观结构及消化特性、升糖指数等潜力巨大。黄精产业国家创新联盟相关团队将黄精多糖引入淀粉-蛋白食品体系，研究多糖与淀粉互作对淀粉微观结构的影响及其延缓消化、平衡血糖的作用机制，通过分析水分含量及分布、热力学特性、流变特性、回生特性、抗性淀粉含量等，明确其改善淀粉食品品质的机制；分析多糖分子基团与面筋蛋白氢键和二硫键的作用力以及疏水作用力，揭示多糖改善面筋网络结构和蒸煮特性的机制，形成功能化主粮系列产品。

黄精花馒头

【特点】补气养阴，健脾，润肺。

【原料】黄精花粉40g，绿色蔬菜汁，面粉1 000g，酵母，泡打粉适量。

【来源】民间方。

【制作单位与制作人】安徽东贝农业发展有限公司烹调技师章宏。

【制作过程】将黄精花粉加入适量温水调匀，按正常馒头制作流程做好即可（图4-22）。

图4-22 黄精花馒头

黄精馒头

九华黄精馒头

【特点】护肾乌发，补脾虚，润肠道。

【原料】九制黄精冻干粉50g，高筋面粉1 000g，酵母，泡打粉适量。

【制作单位与制作人】安徽东贝农业发展有限公司烹调技师章宏。

【制作过程】取适量温水调匀黄精冻干粉，然后按正常馒头制作流程做好即可（图4-23）。

新化黄精馒头

【特点】老面发酵，0添加，既具北方馒头的嚼劲又有南方馒头的松软，口感非常好。

【原料】黄精，面粉，白糖。

【制作单位与制作人】新化县益农信息社湖南湘菜大师戴禄荣。

【制作过程】台北故宫博物院宫廷面点营养配方，精选小麦粉、七蒸七晒秘制超微黄精粉，配比新疆格尔木河畔胡杨木水，创新加工工艺，无菌生产（图4-23）。

图4-23　黄精馒头

A.九华黄精馒头　B.新化黄精馒头

黄精年糕

【特点】滋养心血，辅助治疗失眠、心悸、健忘等症状。

【原料】米粉、九制黄精粉（不少于2%）。

【制作单位与制作人】余姚市河姆渡元国农产品开发有限公司教授杨虎清。

【制作过程】将米粉、九制黄精粉和水按一定比例混合，揉成软硬适中的粉团。将粉团铺平倒入模具中，大火蒸制10～15min。蒸制完成后，趁热捶打碾压，最后冷却切成条状，干燥保存（图4-24）。

【获得荣誉】2024年11月获得第二届"全国黄精膳食大赛"总决赛金奖。

图4-24　黄精年糕

黄精土面

【特点】清热化痰，滋润心肺。

【原料】黄精土面。

【制作单位】黄精产业国家创新联盟。

【制作过程】锅中烧开水，水开后放入黄精土面。煮至面条浮起，再煮1～2min，至面条熟透，放入少许青菜。捞出煮好的面条，可以过一下凉水，让面条更筋道，然后根据个人口味加入调料，如酱油、醋、香油、辣椒油、葱花、香菜等，搅拌均匀即可享用（图4-25）。

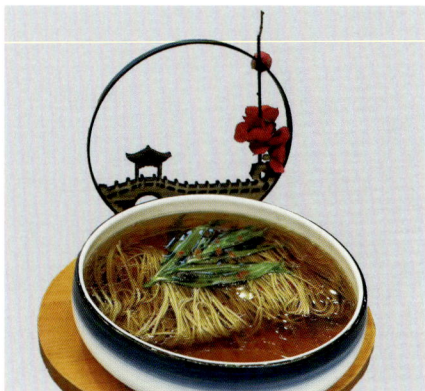

图4-25　黄精土面

四宝富硒面

【特点】 融合多种药食同源物质精华，将传统养生理念融入日常饮食。

【原料】 小麦粉，九制黄精粉（不小于4%），玉竹粉（不小于3%），淮山药粉，百合粉，富硒酵母粉，食用盐，碳酸钠。

【制作单位与制作人】 新化县天龙山农林科技开发有限公司刘智。

【制作过程】（1）原料准备：精选优质小麦粉作为基础原料，同时准备按比例混合好的黄精粉等粉末。（2）加入富硒酵母粉、食用盐、碳酸钠，混合搅拌。（3）和面醒发。（4）压面成形。（5）干燥保存（图4-26）。

图4-26 四宝富硒面

奉原食养黄精油面

【特点】 健脾益胃，润肺止咳。经过5次发酵，柔顺易消化，是适合养生人士、高糖人群、孕产妇、儿童的膳食营养餐。

【原料】 奉原黄精面80g。

【制作单位与制作人】 江西奉原生态科技有限公司何敏。

【制作过程】（1）提前准备好土鸡汤或老鸭汤及荷包蛋，注意使用清汤，无须放食盐等调料。（2）取一袋奉原黄精面（80g/袋），置沸水中煮2min即可捞出，置于碗中，加入土鸡汤或老鸭汤。（3）摆上荷包蛋，撒上少许小葱末或烫好的青菜点缀即可（图4-27）。

图4-27 奉原食养黄精油面

【获得荣誉】 2024年11月获得第二届"全国黄精膳食大赛"总决赛金奖。

黄精米稀

【特点】 补气养阴，健脾养胃，润肺，益肾。

【原料】 黄精米稀30g，牛奶200mL。

【制作单位与制作人】 黄精产业国家创新联盟教授张金莲。

【制作过程】 （1）将鲜牛奶加热至90℃。（2）将热牛奶冲入加有黄精米稀的碗中，搅拌均匀（图4-28）。

图4-28　黄精米稀

二、黄精点心与菜肴

黄精双螺

【所属菜系】 浙菜。

【特点】 补气养阴，健脾，润肺，益肾。

【原料】 面粉500g，九制黄精20g，南瓜100g，冰糖粉30g，酵母10g。

【制作单位与制作人】 磐安县湖滨酒楼一级烹调技师胡萍。

【制作过程】 （1）制黄精、南瓜蒸熟打成泥备用。（2）将酵母放入清水中化开，将一半的面粉加入黄精泥、冰糖粉、水适量调和均匀；慢慢倒入酵母水搅拌成面絮，再将全部原料揉成均匀光滑的面团。面团发酵时用保鲜膜盖好备用。（3）将另一半面粉加入南瓜泥、冰糖粉、水适量调和均匀；慢慢倒入酵母水搅拌成面絮，然后揉成面团。面团发酵时用保鲜膜盖好备用。（4）将两块面团取出，分别擀成厚度一致的长形薄片，叠放，从长边卷起成条状，切成薄片，捏成两端稍尖的橄榄形后，静置半小时，放入蒸笼蒸18min即可（图4-29）。

图4-29　黄精双螺

黄精笔酥

【所属菜系】 浙菜。

【特点】 补气养阴，健脾，润肺，益肾。

【原料】 中筋面粉600g，低筋面粉600g，鸡蛋1个，黄精汁300g，黄油250g，猪油200g，起酥油300g，黄精50g，芝麻适量。

【制作单位与制作人】 磐安县湖滨酒楼一级烹调技师胡萍。

【制作过程】 （1）做水油皮：中筋面粉中加入鸡蛋、黄精汁、白糖，揉成面团，再放入搅面机，加入黄油，高速搅拌至面团用手撑开后能形成光滑无锯齿的手套膜即可，再将面团放入托盘中摊开，盖上保鲜膜放入冰箱冷藏4h以上备用。（2）做油心：把起酥油、黄油、猪油揉搓至无颗粒，加入低筋粉，再揉搓至无颗粒后成团放入托盘摊开，盖上保鲜膜，放入冰箱冷藏4h以上备用。（3）把冷藏好的水油皮擀开至两个油心大，包入油心擀开至宽35cm、长85cm，然后折叠成四层，重复动作两次，再擀开至宽35cm、长45cm，之后切成宽6cm的长条。再刷水叠起成一条，放入冰箱冷藏备用。（4）把黄精芝麻馅搓成大小均匀的椭圆形备用，再把冷藏好的酥皮切成2mm厚的片，擀开一倍大，包入黄精芝麻馅料，做成毛笔形状即可。（5）锅中加入色拉油烧至120℃，放入毛笔酥炸2min，再将油温升高炸至金黄酥脆，摆盘即可（图4-30）。

图4-30　黄精笔酥

黄精螺旋酥

【菜系】 徽菜。

【特点】 润心肺，清热解毒。

【原料】 低筋面粉300g，高筋面粉35g，黄油200g，黄精馅200g，菠菜汁50g，糖和油适量。

【制作单位及制作人】 安徽九华山西峰山庄高级面点技师汪涛。

【制作过程】 （1）将面粉和糖、油混合；将40g黄油软化后加入面粉混合物中，再加入菠菜汁和清水（水不要一次全部加入，根据面团的软硬度情况添加），揉成面团用保鲜膜包好，放进冰箱冷藏松弛20min。（2）把松弛好的面团和黄油一层压一层制成酥皮。（3）将制好的酥皮包入黄精馅，制成螺旋酥，放入2成油温中炸制成形，起锅装盘即可（图4-31）。

【获得荣誉】 2024年11月获得第二届"全国黄精膳食大赛"总决赛金奖。

图4-31　黄精螺旋酥

黄精山药饼

【所属菜系】 徽菜。

【特点】 平肝补脾，通络降压。

【原料】 糯米粉500g，澄面50g，山药碎50g，黄精碎200g，火腿50g，葱5g，姜5g，盐5g，鸡精5g。

【制作单位与制作人】 安徽九华山西峰山庄高级烹调技师孙学莉。

【制作过程】（1）盆中倒入糯米粉、澄面，加清水和匀即成面皮待用。（2）将黄精碎、山药碎、火腿、葱、姜、盐、鸡精拌匀制成黄精山药馅。（3）用做好的面皮做成黄精山药饼，然后用不粘锅煎至金黄熟透起锅装盘（图4-32）。

图4-32　黄精山药饼

风味黄精牛肉卷

【所属菜系】 徽菜。

【特点】 养脑安神，调五脏，和气血。

【原料】 鲜黄精10g，面粉500g，牛肉末300g，葱5g，姜10g，盐5g，鸡精10g，色拉油200g。

【制作单位与制作人】安徽九华山西峰山庄高级烹调技师施长有。

【制作过程】（1）面粉加水和匀，淋上色拉油醒发30min。（2）鲜黄精加上牛肉末、葱花、姜末、盐、鸡精搅拌均匀制成馅儿。（3）用醒发好的面皮包入牛肉馅，做成6cm长、2cm宽的牛肉卷，用不粘锅煎至两面金黄、牛肉馅熟透，起锅装盘即可（图4-33）。

图4-33 风味黄精牛肉卷

黄精藜麦

【所属菜系】浙菜。

【特点】保护心血管，调节血糖。

【原料】藜麦150g，黄米500g，黄精30g，牛肝菌100g，土芹菜、腊肉、黑芝麻、油、盐各适量。

【制作单位与制作人】磐安县湖滨酒楼一级烹调技师胡萍。

【制作过程】（1）藜麦和黄米洗净放入蒸箱蒸好备用。（2）锅中加入油，放入腊肉丁煸香，再放入牛肝菌粒、黄精粒、藜麦和黄米饭及盐翻炒均匀后加入芹菜粒，出锅装盘再撒上黑芝麻（图4-34）。

图4-34 黄精藜麦

九制黄精饭

【所属菜系】徽菜。

【特点】养胃补元气，改善脾虚乏力、腿软头晕。

【原料】九制黄精10g，五常大米500g，土鸡蛋、猪油、葱、胡萝卜、青豆适量。

【制作单位与制作人】安徽东贝农业发展有限公司烹调技师章宏。

【制作过程】（1）先用500g开水冲泡九制黄精30min，取茶汤备用，渣沥干水分切丁备用，五常大米洗净加入适量黄精茶汤蒸熟。（2）土鸡蛋蛋黄和蛋清分离，取蛋黄搅匀放入黄精米饭，再加适量猪油搅拌均匀，胡萝卜切丁，按正常炒饭流程制作，加入胡萝卜丁、青豆（提前煮熟）、黄精渣丁，翻炒均匀调味即可（图4-35）。

图4-35　九制黄精饭

【获得荣誉】2024年11月获得第二届"全国黄精膳食大赛"总决赛金奖。

黄精虾饼

【所属菜系】徽菜。

【特点】补充营养，补肾滋阴，增强免疫力，健脾益胃，抗疲劳。

【原料】虾仁400g，泡好的黄精蜜饯40g，盐2g，玉米淀粉15g，面粉15g，甜辣酱20g。

【制作单位与制作人】安徽九芙蓉臻味食品有限公司烹调技师沈国强。

【制作过程】（1）将虾仁剁成泥，将泡发1h的黄精蜜饯切末，然后放入盆中加盐手打至上劲，最后加入玉米淀粉和面粉制成馅状。（2）取平底锅烧热放入香油，油热放入虾馅煎至两面金黄，改刀装盘即可（煎1min翻面，反复3次）（图4-36）。

图4-36　黄精虾饼

素食黄精葛粉糕

【所属菜系】徽菜。

【特点】清热化痰，滋润心肺。

【原料】黄精碎10g，葛粉500g，鸡蛋1个，盐5g，味精5g，胡椒粉5g，脆炸油20g。

【**制作单位与制作人**】安徽九华山西峰山庄高级烹调技师盛敏健。

【**制作过程**】（1）盆中倒入黄精碎、葛粉，打入鸡蛋，加盐、味精、胡椒粉、脆炸油，加入适量的清水搅拌均匀。（2）起锅烧油，倒入搅拌好的葛粉，小火煎至两面金黄，外脆里嫩时捞出装盘即可（图4-37）。

图4-37 素食黄精葛粉糕

上禅金钱黄精串

【**所属菜系**】徽菜。

【**特点**】滋养心血，有助于改善失眠、心悸、健忘等症。

【**原料**】黄精碎50g，肉末1 000g，生粉50g，盐10g，鸡精10g，姜末5g，胡椒粉5g，鸡蛋1个。

【**制作单位与制作人**】安徽九华山西峰山庄高级烹调技师柯富贵。

【**制作过程**】（1）盆中倒入肉末、黄精碎，加姜末、盐、鸡精、胡椒粉、生粉后，打入鸡蛋按顺时针搅拌均匀。（2）将搅拌好的黄精肉末制成6cm大的铜钱状，倒入6成热的油锅中炸至两面金黄时捞出装盘即可（图4-38）。

图4-38 上禅金钱黄精串

龙溪黄精小石鳜

【**所属菜系**】徽菜。

【**特点**】补血益气，健骨强身。

【**原料**】黄精粉40g，小石鳜1 000g，葱10g，姜10g，西芹100g，凉开水

1 000g，啤酒1瓶，生抽50g，老抽20g。

【制作单位与制作人】安徽九华山西峰山庄高级烹调技师方磊。

【制作过程】（1）小石鳜去内脏、去鳃洗净待用。（2）盆中倒入啤酒、生抽、老抽、葱、姜、西芹、黄精粉、凉透的开水腌制8h。（3）将腌好的小石鳜沥干水分放入7成热油锅中炸制金黄，捞出装盘即可（图4-39）。

图4-39　龙溪黄精小石鳜

干炸笔管酥

【所属菜系】赣菜。

【特点】补气养阴，健脾开胃，益肾。

【原料】鲜笔管菜（黄精嫩芽）250g，黏米粉40g，糯米粉40g，鸡蛋1个，盐4g。

【制作单位与制作人】黄精产业国家创新联盟研究员朱培林。

【制作过程】（1）将鲜笔管菜清洗干净，切段，用盐2g拌匀腌20min。（2）黏米粉、糯米粉混匀，磕入鸡蛋加少量温水，盐2g，反复搅拌制成裹糊。（3）将腌好的笔管菜倒入裹糊中，搅拌至挂浆。（4）起油锅，烧至6成热，保持中小火，一条一条的下笔管菜，炸的时候注意翻面，炸至裹浆金黄，捞出沥油，装盘（图4-40）。

图4-40　干炸笔管酥

椒盐酥脆黄精片

【所属菜系】徽菜。

【特点】鲜香酥脆，健脾益气。

【原料】鲜黄精350g，脆皮糊600g，青红椒末10g，椒盐5g。

【制作单位与制作人】安徽九华山西峰山庄高级烹调技师王晟。

【制作过程】（1）鲜黄精洗净切片后沥干水分。（2）起锅烧油，待油温烧至6成热时，将沥干水分的黄精片挂脆皮糊逐个放入油锅中，炸至金黄色捞出。（3）另起锅放入青红椒末炒断生，倒入炸好的黄精片，撒上椒盐翻炒均匀，起锅装盘即可（图4-41）。

图4-41　椒盐酥脆黄精片

精上添花

【所属菜系】赣菜。

【特点】健脾养胃，润肺益肾。

【原料】九制黄精50g，花生米250g，细盐10g。

【制作单位与制作人】黄精产业国家创新联盟教授张金莲。

【制作过程】（1）将九制黄精加适量水煎煮30min趁热取汁。（2）用热黄精汁泡花生米，沥干。（3）另起锅放入花生油或菜籽油，冷油，将花生米下锅，文火炸至金黄酥脆，取出，趁热撒上盐拌匀，装盘（图4-42）。

图4-42　精上添花

凉拌黄精花

【所属菜系】徽菜。

【特点】补气养阴，健脾，润肺，益肾。

【原料】黄精花100g，蒜10g，蒜末，精盐，鸡精，白糖，海鲜酱油，米醋，香油。

【制作单位与制作人】 安徽九华山西峰山庄高级烹调技师周美仙。

【制作过程】 将黄精花洗净焯水。在碗中放入蒜末、精盐、鸡精、白糖、海鲜酱油、米醋、香油，搅拌均匀。将焯好的黄精花放入盆中，倒入调好的料汁，搅拌均匀即可（图4-43）。

图4-43　凉拌黄精花

黄精笔管菜

【特点】 补气养阴，健脾，润肺，益肾。

【原料】 黄精笔管菜300g，蒜10g，油，生抽，盐。

【制作单位】 黄精产业国家创新联盟。

【制作过程】 将黄精笔管菜清洗干净，蒜切粒。用热油炒香蒜粒，倒入黄精笔管菜大火翻炒，加入适量的生抽、盐，炒至菜熟入味即可（图4-44）。

图4-44　黄精笔管菜

开胃黄精苗

【所属菜系】 赣菜。

【特点】 生津止渴，补气养阴。

【原料】 黄精苗250g，大蒜1个，盐2g，陈醋1勺，生抽2勺，小米椒3个。

【制作单位与制作人】 黄精产业国家创新联盟教授张金莲。

【制作过程】（1）将大蒜、小米椒切碎备用。（2）锅内加水，水烧开后加盐少量，入黄精苗焯水20s，沥干，过凉开水，冷却，装盘，拌上生抽、陈醋。（3）热锅内加食用油，倒入大蒜、小米椒炒香，淋在黄精苗上即可（图4-45）。

图4-45　开胃黄精苗

黄精蒜蓉泡整椒

【**所属菜系**】徽菜。

【**特点**】补脾健气，提高免疫力。

【**原料**】辣椒200g，黄精15g，蒜蓉10g，生姜5g，白糖3g，陈醋2g，生抽2g，味精0.5g。

【**制作单位与制作人**】安徽九华山西峰山庄高级烹调技师周美仙。

【**制作过程**】（1）取整辣椒去籽洗净，沥水备用。（2）将生姜、黄精切末加上蒜蓉一起腌制0.5h备用。（3）将腌制好的黄精末放入辣椒中装盒。（4）将白糖、陈醋、生抽及少许味精搅拌均匀，倒入盛有蒜蓉整椒的盒中浸泡腌制8h即可（图4-46）。

图4-46 黄精蒜蓉泡整椒

黄精泡菜

【**所属菜系**】川菜。

【**特点**】健脾益气，提高免疫力。

【**原料**】黄精，红辣椒，盐，花椒，桂皮，香叶。

【**制作单位与制作人**】南充蜀妙农业发展有限公司李和桂。

【**制作过程**】将黄精洗净切条或块，放入密封罐中。加入红辣椒、盐、花椒、桂皮、香叶等调料，确保液体覆盖黄精。密封后放在常温下15h即可食用（图4-47）。

图4-47 黄精泡菜

黄精茶苦蒸蛋

【**所属菜系**】赣菜。

【**特点**】益气养阴，补血活血，止痛。

【原料】九制黄精10g，茶苇粉10g，鸡蛋2个，盐2～4g，香葱1根，枸杞12粒，香油半勺。

【制作单位与制作人】黄精产业国家创新联盟教授张金莲。

【制作过程】（1）将九制黄精加水煎煮30min取汁，冷却。（2）将鸡蛋去壳放入盘或碗中，加入黄精汁、茶苇粉、盐，搅拌均匀。（3）盖上保鲜膜，多扎几个小孔，冷水入锅蒸，水开后计时再蒸6min，关火后焖5min取出，撒上香葱末、枸杞，淋上香油即可（图4-48）。

图4-48　黄精茶苇蒸蛋

黄精东坡笋

【菜系】徽菜。

【特点】补中益气，强筋骨。

【原料】水发黄精200g，五花肉1 000g，金汤500g，羊肚菌50g，虾茸300g，菜胆500g，盐、味精、鸡精各5g。

【制作单位及制作人】安徽九华山西峰山庄高级烹调技师刘红伟。

【制作过程】（1）将五花肉洗净上锅带糖色卤熟，放入冰柜冷冻。（2）将黄精和虾茸打成泥备用，羊肚菌用高汤煨好，菜胆氽水冲凉。（3）将冷冻好的五花肉切成薄皮做成冬笋状，用裱花袋装入黄精虾茸泥挤入冬笋状的空心里，并且也挤入羊肚菌的空心里，放蒸箱蒸熟。（4）把蒸好的东坡笋和羊肚菌以及菜胆，摆放到盘中，金汤调味淋在上面即可（图4-49）。

【获得荣誉】2024年11月获得第二届"全国黄精膳食大赛"总决赛金奖。

图4-49　黄精东坡笋

石锅鸡蛋黄精花

【所属菜系】徽菜。

【特点】养阴润肺，补益气血。

【原料】黄精花50g，土鸡蛋6个，盐5g，胡椒粉2g，葱5g，菜籽油。

【制作单位与制作人】安徽九华山西峰山庄高级烹调技师马强。

【制作过程】（1）用淡盐水浸泡黄精花10min后清洗干净，焯水捞出沥干水分。碗中打入土鸡蛋，加入盐、胡椒粉、葱、黄精花。（2）另取一口石锅，放入鹅卵石若干和适量的菜籽油，加热至160℃时倒入搅拌均匀的黄精花鸡蛋，用勺子轻推几下，使鸡蛋受高温加热慢慢煎熟即可（图4-50）。

图4-50　石锅鸡蛋黄精花

黄精花炒蛋

【特点】滋阴养肾、入口甘甜，有助于提高免疫力。

【原料】黄精花，鸡蛋，盐，糖，醋，香油，葱花（或其他调料根据个人口味调整）。

【制作单位】黄精产业国家创新联盟。

【制作过程】（1）黄精花用水泡透，洗净沥干水分备用。（2）鸡蛋打入碗中，加入盐搅拌均匀。（3）锅中加油，油热后倒入鸡蛋液摊开，用小火煎至凝固。加入黄精花翻炒，最后加入少量水、盐、糖、醋和香油调味。翻炒均匀后，撒上葱花即可出锅（也可将黄精花加入鸡蛋液中，加入调味料调匀，油热倒入锅中，小火煎至凝固即可）（图4-51）。

图4-51　黄精花炒蛋

黄精粉丝烩虾仁

【所属菜系】 徽菜。

【特点】 强筋壮骨，养颜益寿。

【原料】 黄精粉丝400g，虾仁100g，火腿50g，葱5g，姜10g，盐5g，鸡精2g，高汤300g。

【制作单位与制作人】 安徽九华山西峰山庄高级烹调技师丁睿安。

【制作过程】（1）黄精粉丝用温水泡发10min，虾仁、火腿切丁。起锅烧油，下葱、姜炒出香味后倒入高汤。（2）将虾仁丁、火腿丁、盐、鸡精和泡发好的黄精粉丝倒入锅中大火烧开即可（图4-52）。

图4-52　黄精粉丝烩虾仁

黄精元蹄

【所属菜系】 浙菜。

【特点】 补气养阴，健脾，润肺，益肾。

【原料】 猪蹄1 000g，料酒100g，白糖50g，酱油80g，制黄精50g，生姜、葱、盐适量。

【制作单位与制作人】 磐安县湖滨酒楼一级烹调技师胡萍。

【制作过程】（1）将制黄精放入容器加水蒸1h。（2）把猪蹄去细毛。（3）猪蹄改刀成大小均匀的段，进行焯水。（4）锅内加入少许油、白糖，熬制出气泡后加入黄精水、猪蹄、料酒、盐、酱油、葱，大火烧开后转小火慢炖2h即可（图4-53）。

【获得荣誉】 2024年11月

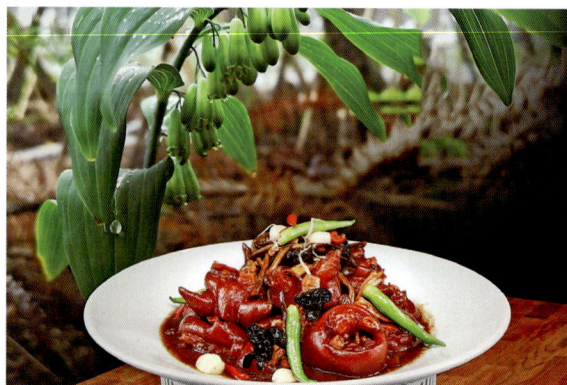

图4-53　黄精元蹄

获得第二届"全国黄精膳食大赛"总决赛金奖。

黄精蒸鸡

【所属菜系】湖南新化菜。

【特点】益气补虚。

【原料】黄精100g，母鸡1只（重约1 500g），生姜、葱、盐、味精等适量。

【制作单位与制作人】新化县满殿香餐饮管理有限公司湖南湘菜大师曾星。

【制作过程】（1）将鸡宰杀，洗净血沫。将黄精切成适当大小。（2）将处理好的鸡块和黄精等药材放入气锅内，加入葱段、姜片、盐、味精等调料。（3）盖好气锅盖后，上笼蒸约3h，出锅即可食用（图4-54）。

图4-54 黄精蒸鸡

【获得荣誉】2024年11月获得第二届"全国黄精膳食大赛"总决赛金奖。

黄精明珠甲鱼

【所属菜系】浙菜。

【特点】补气养阴，滋补养生。

【原料】甲鱼1 000g，黄精100g，草鱼500g。

【制作单位与制作人】杭州临安姜楠名厨餐饮店朱则宽。

【制作过程】甲鱼洗净加入黄精清蒸50min；草鱼刮鱼肉，做成鱼圆，小火烧5min捞出，放入甲鱼周围即可上桌（图4-55）。

【获得荣誉】2024年11月获得第二届"全国黄精膳食大赛"总决赛金奖。

图4-55 黄精明珠甲鱼

黄精炖甲鱼

【所属菜系】 湖南新化菜。

【特点】 滋阴润燥，健肤养血。

【原料】 黄精100g，枸杞5g，甲鱼1只，五花肉100g，生姜、料酒适量。

【制作单位与制作人】 新化县满殿香餐饮管理有限公司湖南湘菜大师曾星。

【制作过程】 将宰杀后的甲鱼用开水烫后刮去背部及裙边黑膜，洗净，放入清水中煮沸5min，取出撕去黄油，剔除背壳，切成2cm小方块，置入炖盅内，再将黄精、五花肉、生姜等食材一同放入，炖至甲鱼肉烂熟即可（图4-56）。

图4-56　黄精炖甲鱼

黄精臭鳜鱼

【所属菜系】 徽菜。

【特点】 闻着臭、吃着香，肉色洁白如玉，蒜瓣状。

【原料】 臭鳜鱼1条（650～700g），五花肉30g，腊肉15g，3蒸3晒黄精（100g），蒜，姜，青红辣椒，白糖，味精，鸡精，老抽，青蒜苗。

【制作单位制作人】 安徽九芙蓉臻味食品有限公司烹调技师汪强胜。

【制作过程】（1）取一条发酵好的黄精臭鳜鱼清洗好打上花刀待用。（2）准备4～5粒蒜一切为二，姜切片，五花肉、腊肉切丁，青红辣椒切圈待用。（3）热锅冷油下臭鳜鱼煎至两面金黄后捞起，下蒜丁、五花肉、腊肉，煸炒至金黄，加入煎好的臭鳜鱼和清水大火烧开后改小火，下入辣椒，加入白糖烧15min，再加入味精、鸡精、老抽，大火收汁起锅装盘，再用干净的锅烧油，加入青红椒、青蒜苗，炒制断生淋在臭鳜鱼表面即可（图4-57）。

图4-57　黄精臭鳜鱼

【获得荣誉】2024年11月获得第二届"全国黄精膳食大赛"总决赛金奖。

江山黄精乌鸡煲

【所属菜系】浙菜。

【特点】补肝肾，益气血，退虚热。

【原料】江山白毛乌骨母鸡1只，九制黄精40g，党参30g，洋葱，姜，枸杞少许，黄酒（绍兴花雕酒）、盐适量。

【制作单位与制作人】江山万祥农业科技有限公司高级烹调技师夏新亮。

【制作过程】（1）选用2年左右正宗江山白毛乌骨母鸡，宰杀洗净，斩小块，用少量白醋、盐揉搓，放15min后用清水洗干净。（2）九制黄精、党参另炖20min备用。取一大的陶瓷碗，碗底放3片生姜、洋葱少许，放入鸡块，再倒入九制黄精党参汤，汤须没过鸡块，加绍兴花雕酒适量，再将陶瓷碗放入蒸汽锅中，蒸汽锅下面清水中加入少许绍兴花雕酒，连续加热2h左右，取出加适量盐调味即可（图4-58）。

【获得荣誉】2024年11月获得第二届"全国黄精膳食大赛"总决赛金奖。

图4-58 江山黄精乌鸡煲

黄精爆鳝片

【所属菜系】浙菜。

【特点】色香味效俱佳，其色黄白相间，其香具黄鳝特有香气，其味脆滑，其效补虚损、强筋骨。

【原料】鲜黄精50g，黄鳝300g，马蹄50g，调料等。

【制作单位与制作人】江山市香江饭店管理有限公司高级烹调技师夏新亮。

【制作过程】（1）鲜黄精切极细丝在开水中烫一下泡在冷水中备用，新鲜黄鳝现杀去骨切薄片勾芡备用，鲜马蹄切薄片过水备用。（2）铁锅加热放入菜籽油烧至7成热，下黄鳝片爆炒，随后加入黄精丝、马蹄片、调料等略翻炒即可（图4-59）。

图4-59 黄精爆鳝片

赣南黄精粉蒸肉

【所属菜系】 赣菜。

【特点】 补血养心，健脾，润肺，益肾。

【原料】 鲜黄精200g，土猪肉（带皮五花肉或前夹肉）500g，九制黄精蒸肉粉150g，料酒50g，生抽1勺，荷叶1张，香葱1根，枸杞12粒。

【制作单位与制作人】 赣州道正生态农业发展有限公司张金莲、张金秀。

【制作过程】（1）将猪肉清洗干净，带皮切成厚0.5～1cm的片，用料酒及生抽拌匀腌30min，加入水50g拌匀，再加入九制黄精蒸肉粉拌匀，腌30min。（2）取鲜黄精去皮，切厚片，香葱洗净切段，枸杞洗净泡发，待用。（3）另取竹蒸笼，将洁净的荷叶垫于底部，依次摆放切制好的鲜黄精、双面挂有九制黄精蒸肉粉的猪肉薄片，摆放整齐，盖上蒸笼盖。（4）大火蒸制1h，取出，趁热撒上葱花和泡好的枸杞即可（图4-60）。

图4-60　赣南黄精粉蒸肉

黄精红葱爆牛鞭

【所属菜系】 湖南新化菜。

【特点】 安心养神，健脾开胃，除湿化痰，利水肿。适用于脾胃虚弱、小便不利、心悸失眠等症。

【原料】 黄精25g，牛鞭800g，枸杞子10g，红葱15g，绍酒，姜，葱，蒜。

【制作单位与制作人】 新化县满殿香餐饮管理有限公司湖南湘菜大师曾星。

【制作过程】（1）将牛鞭洗净，顺尿道对剖开洗净。锅置旺火上，加清水3 000g，下牛鞭，撇去浮沫，放入姜块和花椒，加入绍酒，移至小火上炖。（2）牛鞭炖至8成熟时，切成一字条，炖熟后，牛鞭切成花刀备用。（3）起锅烧油，放入葱、姜、蒜爆香，放入炖熟的牛鞭爆炒，加入红葱炒3min调好味即成（图4-61）。

图4-61　黄精红葱爆牛鞭

黄精红烧肉（湖南新化菜）

【所属菜系】 湖南新化菜。

【特点】 肥而不腻，香甜可口；补气养阴，健脾益肾。

【原料】 五花肉500g，黄精25g，白糖10g。

【制作单位与制作人】 新化县满殿香餐饮管理有限公司湖南湘菜大师曾星。

【制作过程】（1）五花肉切成4cm大的方块焯水，炸至金黄色备用。（2）锅中放油和白糖炒糖色，加入黄精和炸好的五花肉，煨至软烂即可（图4-62）。

图4-62 黄精红烧肉（湖南新化菜）

黄精红烧肉（徽菜）

【菜系】 徽菜。

【特点】 温中和胃，美容养颜。

【原料】 九制黄精200g，黑猪五花肉1 000g，菜胆600g，盐、鸡精各5g，老抽10g，生抽20g，八角、桂皮、香叶各3g，葱10g，姜10g。

【制作单位及制作人】 安徽九华山西峰山庄高级烹调技师谢桂洋。

【制作过程】（1）将黄精切成小块，五花肉洗净焯水切成4cm大的方块，并在表面切十字花刀，菜胆洗净入水冲凉待用。（2）五花肉放入调味的砂锅中煨制40min收汁放入黄精小块。（3）另用干净的砂锅整齐摆放好菜胆、五花肉，中间放入黄精，淋上汤汁即可（图4-63）。

图4-63 黄精红烧肉（徽菜）

鲜黄精酱焖肉

【所属菜系】 徽菜。

【特点】 清肺少咳，健体强身。

【原料】鲜黄精10g，黑猪五花肉750g，葱5g，生姜10g，蒜10g，八角5g，黄酒20g，老抽10g，豆瓣酱10g，胡椒粉2g，桂皮。

【制作单位与制作人】安徽九华山西峰山庄高级烹调技师朱长宽。

【制作过程】（1）黄精切片待用，将黑猪五花肉切成长6cm、厚0.8cm的片状。（2）起锅烧油，将五花肉倒入锅中，中火慢炒至金黄出油时，放入姜、蒜、八角、桂皮、黄酒、老抽、豆瓣酱，烧至软烂。（3）加入黄精、胡椒粉翻炒均匀后起锅装盘，撒上香葱即可（图4-64）。

图4-64　鲜黄精酱焖肉

香飘四溢黄精土香肠

【所属菜系】徽菜。

【特点】滋补气血，健脾益胃，补肾强身，润肺止咳，抗衰防老。

【原料】九芙蓉黄精，香肠150g，青红辣椒，洋葱。

【制作单位与制作人】安徽九芙蓉臻味食品有限公司烹调技师沈国强。

【制作过程】（1）黄精香肠清洗、切片，青红辣椒及洋葱切丝。（2）沥干水后摆盘，上大锅蒸15min，出锅后撒上少许青红椒、洋葱丝点缀，即可上桌（图4-65）。

图4-65　香飘四溢黄精土香肠

黄精雪花圆子

【所属菜系】湖南新化菜。

【特点】益气补虚。

【原料】制黄精碎5g，五花肉500g，香葱10g，糯米100g，鸡蛋2个，生抽5g，胡椒粉5g，鸡精5g，红薯淀粉50g。

【制作单位与制作人】新化县满殿香餐饮管理有限公司湖南湘菜大师曾星。

【制作过程】将五花肉切片后剁成泥，加入黄精碎、鸡蛋、红薯淀粉、生抽、香葱、鸡精和胡椒粉搅拌均匀后，挤成大小均匀的丸子，裹上浸泡好的糯米，上笼蒸20min即可（图4-66）。

图4-66 黄精雪花圆子

九华黄精狮子头

【所属菜系】徽菜。

【特点】滋补强身，健脾养胃，补肾益精，润肺止咳，抗疲劳。

【原料】菜籽油（如更换为色拉油，炸至颜色金黄即可出锅），新鲜猪肉，新鲜黄精，盐，酱油。

【制作单位】安徽九芙蓉臻味食品有限公司烹调技师沈国强。

【制作过程】（1）新鲜猪肉（适量）洗净、切丁，备用；新鲜黄精（适量）洗净、切丁，备用。（2）将切好的肉丁与黄精丁放入大盆中，撒入盐（适量），搅拌若干分钟；加入酱油（适量，老抽或生抽均可）搅拌适当时间。静置一段时间备用。（3）起锅烧油：倒入适量菜籽油，静待油温升高。手搓丸子（注意要上劲定形），每个丸子为75～90g为宜。油温升高至手放上方有温热感觉时，放入搓好的丸子，放入前在手上再搓半分钟左右（以确保丸子紧实）。待丸子炸至金黄色时，再炸半分钟左右即可出锅，此时丸子颜色金黄偏深（如用色拉油，颜色炸至金黄即可）（图4-67）。

图4-67 九华黄精狮子头

【获得荣誉】2024年11月获得第二届"全国黄精膳食大赛"总决赛金奖。

金汤黄精狮子头

【所属菜系】徽菜。

【特点】益气健脾，温中利胃，美容养颜。

【原料】黄精碎200g，黑猪五花肉末1 000g，生粉100g，葱10g，姜20g，糯米饭50g，盐10g，鸡精5g，鸡汁10g，胡椒粉5g，鸡蛋2个，高汤800g，菜胆300g。

【制作单位与制作人】安徽九华山西峰山庄高级烹调技师李小节。

【制作过程】（1）盆中加入黄精碎、五花肉末、葱、姜、糯米饭、生粉、盐、鸡精、鸡汁、胡椒粉，搅拌上劲做出鸡蛋大小的肉丸子待用。（2）起锅烧油，待油温7成热时下肉丸子炸至金黄后捞出。（3）将炸好的肉丸子均匀放入一口大砂锅中，倒入高汤调好味并盖上盖煨制40min后取出装入明炉中。（4）点缀焯好水的菜胆淋上高汤即可（图4-68）。

图4-68　金汤黄精狮子头

黄精羊肚菌

【所属菜系】徽菜。

【特点】补气养阴，健脾润肺。

【原料】鲜黄精150g，干羊肚菌70g，虾茸100g，豆腐500g，姜末30g，青豆50g，花椰菜150g，五花肉末250g，蚝油10g，生抽10g，盐5g，味精5g，金汤汁350g。

【制作单位与制作人】安徽九华山西峰山庄高级烹调技师刘红伟。

【制作过程】（1）将鲜黄精焯水切末，干羊肚菌泡发去蒂备用，虾茸调味备用。（2）将豆腐切成长5cm、宽3cm的块状，油炸至金黄后捞出沥水放凉，将豆腐的平面顶部切除，取中心嫩豆腐备用。（3）用裱花袋将虾茸挤入羊肚菌中，放置蒸箱10min定形。（4）将五花肉末、黄精末、姜末调味搅拌后放入豆腐盒中，放置蒸箱蒸10min。（5）准备另外一个小圆碗，将羊肚菌切成小圆片放入碗中压实，倒扣在餐盘上，将碗取下来，成形。豆腐用金汤烧至入味，大火收汁，摆盘后放入花椰菜点缀即可食用（图4-69）。

图4-69　黄精羊肚菌

黄精羊肉汤

【菜系】赣菜。

【特点】滋补肝血，明目养颜，补气养阴，健脾，润肺，益肾。

【原料】干黄精20g，羊肉750g，盐15g，味精2g，胡椒粉2g，生姜5g，开水750g，香菜50g。

【制作单位与制作人】江西成圆休闲农业有限公司何学云。

【制作过程】（1）取750g羊肉洗净，沥水备用。（2）将洗干净的羊肉冷水下锅焯水，焯好水的羊肉用热水洗干净。（3）将生姜5g和洗干净的羊肉放入热油锅中翻炒，炒香后加入开水750g、干黄精20g，少许盐、味精、胡椒粉，中火焖煮3h左右，最后放入香菜50g即可（图4-70）。

图4-70　黄精羊肉汤

【获得荣誉】2024年11月获得第二届"全国黄精膳食大赛"总决赛金奖。

黄精花王爷山豆皮

【所属菜系】湖南新化菜。

【特点】补气养阴，健脾，润肺，益肾。

【原料】黄精花15g，王爷山豆皮150g，蒜粒5g，姜5g。

【制作单位与制作人】新化县满殿香餐饮管理有限公司湖南湘菜大师曾星。

【制作过程】（1）豆皮冷水泡发20min。（2）起锅烧油放入蒜、姜，加入高汤、豆皮，煮5min后，放入黄精花即可装盘食用（图4-71）。

图4-71　黄精花王爷山豆皮

黄精银耳汤

【所属菜系】徽菜。

【特点】滋阴润肺，美容养颜，增强免疫力，健脾益胃，补肾填精，降血糖，降血脂。

【原料】黄精30g，银耳100g，枸杞10g，冰糖200g，红枣20g。

【制作单位与制作人】安徽九芙蓉臻味食品有限公司烹调技师沈国强。

【制作过程】黄精、红枣、银耳、枸杞分别泡发约20min，泡好的黄精切小块，红枣去核，银耳用手掰成小朵、去蒂，将黄精、红枣、银耳一起放入高压锅，加入600g水，压煮30min，倒入碗中，撒上枸杞即可上桌（图4-72）。

图4-72　黄精银耳汤

九华黄精老鸡汤

【所属菜系】徽菜。

【特点】滋阴养血，补肾益精。

【原料】黄精50g，老母鸡1 250g，葱5g，姜10g，盐5g，黄酒10g，鸡精。

【制作单位与制作人】安徽九华山西峰山庄高级烹调技师刘红伟。

【制作过程】（1）黄精洗净切片，老母鸡去内脏，在沸水锅中焯去血水，洗净，葱打结，姜切片。（2）锅中加水烧开，加入盐、鸡精调味。（3）将鸡放入干净的砂锅中，放入葱结、姜片及调味过的开水，用锡纸封口。（4）放入烧好炭的大瓦罐中煲4h即可（图4-73）。

图4-73　九华黄精老鸡汤

黄精石耳老鸭汤

【所属菜系】徽菜。

【特点】滋阴补虚，补肾益精，清热降火，润肺止咳，健脾益胃。

【原料】黄精30g，老鸭子1只，石耳5g，沙参30g，黄芪20g，大枣8颗，枸杞15g，小葱2根，老姜1小块，盐4g。

【制作单位与制作人】安徽九芙蓉臻味食品有限公司烹调技师沈国强。

【制作过程】鸭子切块洗净，冷水入锅，放入姜片、葱，大火煮沸，3min

倒出用温水冲干净备用；干黄精泡发1h，切成段，枣去核；汤煲内倒入2L清水，放入沙参、黄芪、枸杞、大枣，盖上锅盖大火煮开后转文火炖1h；打开锅盖，放入黄精，盖上锅盖继续炖20min，调入盐撒上葱花、石耳即可（图4-74）。

图4-74 黄精石耳老鸭汤

黄精老鸭汤

【所属菜系】湘菜。

【特点】黄精与鸭肉同用，能增强滋阴润肺的功效。

【原料】黄精20g，鸭750g，枸杞5g，生姜15g。

【制作单位与制作人】新化县满殿香餐饮管理有限公司湖南湘菜大师曾星。

【制作过程】黄精、鸭肉洗净切块后，加生姜、枸杞和适量水，同炖1～2h，最后调味食用（图4-75）。

图4-75 黄精老鸭汤

江山黄精野葛炖水鸭

【所属菜系】浙菜。

【特点】滋阴补肾，养发生发，美容养颜。

【原料】九制黄精40g，水鸭1 000g，野葛60g，枸杞子10g，葱10g，姜10g，盐5g，料酒30g，鸡精3g。

【制作单位与制作人】江山市香江饭店管理有限公司高级烹调技师周卸民。

【制作过程】（1）水鸭洗净放入清水中，浸泡10min，焯水、冲凉，九制黄精、野葛切好待用。（2）炖锅内加入适量清水，加入水鸭、黄精、野葛、料酒、姜片、葱，大火烧开后改文火炖煮2h，出锅。（3）加入适量盐，撒入枸杞子即可（图4-76）。

图4-76 江山黄精野葛炖水鸭

三、黄精发酵产品与龙舌兰的启发

发酵是食品加工的传统工艺，其产品风味独特、易消化、生物利用度高，对世界饮食结构和饮食文化的发展起到重要推动作用。在食品发酵过程中，微生物通过酶促转化产生不同的活性代谢产物（多肽、寡糖、改性多酚等），满足人们多元化、高品质的健康饮食需求。中国传统发酵食品按照原料来源可分为发酵豆类制品、发酵谷类制品、发酵乳制品、发酵肉制品、发酵蔬菜类制品及发酵茶类。如市面上大众常见的酒类、酸奶、酵素、面包、腐乳、奶酪、豆豉等都是基于发酵而制得的。黄精主要营养功效物质为结构复杂的果聚糖，简单加工后可获得占总生物量约50%的单糖和5%的多糖，是益生菌、酵母菌等生长的天然优良基质，具有开发发酵食品的天然优势。基于现代发酵工艺技术制备集聚风味和功能性的新型复合黄精产品，将加速拓展黄精在食品产业中的应用。吸取比较成熟的龙舌兰酒等果聚糖产品的灵感，将有助于黄精产业更快更好地发展。

（一）黄精基发酵饮料

黄精生品味苦涩，生品与熟品风味迥异、成分差异明显。发酵可以充分利用黄精自身成分平衡风味、中和口感，使营养成分均衡，在不引入额外添加的情况下，可保留发酵益生菌的特有成分，既具有功能性又富含风味成分。同时，黄精发酵过程反应条件温和，便于在不显著增加成本的前提下进行规模化生产。黄精饮料是一款具有独特风味的天然保健型复合饮料。根据黄精饮料配伍可分为黄精发酵饮料和黄精复合发酵饮料。

1.黄精发酵饮料品质特性

黄精药食同源，利用益生菌发酵可在一定程度上提高黄精有益成分的吸收，改善黄精制品的风味及营养成分，从而更好地满足人们对黄精的需求。然而，不同发酵菌剂的代谢能力和途径具有差异，发酵产品的整体风味品质和有益成分构成也主要取决于发酵菌剂的种类。因此，通过筛选优化以及鉴定出最适合黄精发酵的风味发酵菌及其发酵工艺，对于开发黄精发酵食品及饮品具有重要的学术意义和经济效益。

针对现有技术生产的黄精发酵品药气浓、苦涩味重、外源调味物质添加多及对特殊人群不友好等问题，尝试用不同的益生菌来发酵黄精，利用益生菌发酵改变黄精内含成分进而提升风味品质和健康功能。优选的益生菌发酵可以减少不良风味，生熟黄精复配可以更好地中和不良感官，最大程度保留有益成分，另外，利用益生菌发酵使大分子多糖水解，提升风味的同时促进利于吸收的小分子益生元形成。

天然植物来源的物质具有良好的生物活性，此外以黄精为主要成分，加入传统营养物质如枸杞、石斛、燕麦和枣等食材配料共同发酵，制备具有降血糖作用的黄精复合物提取物。这些产品通常具有卓越的味道和风味特征，在提供各种健康益处的同时还带来感官愉悦。

2. 黄精发酵饮料生产工艺

黄精发酵饮料生产工艺：黄精粉制备→杀菌→发酵菌液制备→黄精发酵→离心→制得发酵液。

（1）黄精粉原料制备。根据风味品质特点，一般选用九蒸九晒熟制黄精为原料。将制备的熟黄精与辅料配比后打粉，过筛后得到黄精粉备用。

（2）杀菌。根据巴氏杀菌要求，黄精粉加水后转入发酵罐进行杀菌，以保证发酵过程中不酸败。

（3）发酵菌液制备。发酵菌剂用量一般根据物料比来优化确定合适添加量。发酵菌液应当注意现制现用以保证菌的活性。

（4）黄精发酵。接入菌剂后混匀，发酵温度控制在37℃，发酵时间根据不同发酵体系而改变，发酵体系小于或等于50L时，不宜超过48h，否则易酸败变质。发酵终止后立即进行冷藏处理。

（5）感官风味品质。熟黄精发酵液色泽为棕褐色，呈酸甜味，黄精的苦涩以及药味显著降低甚至消失，可以进一步调配风味用于黄精发酵基饮料产品的配制。

3. 黄精基发酵饮料类产品

（1）乳酸菌发酵黄精。以副干酪乳杆菌K2、副干酪乳杆菌K4、副干酪乳杆菌GXSS、植物乳杆菌Y1 4个菌株为发酵菌种，分别测定了鲜黄精、干黄精、发酵后鲜黄精和发酵后干黄精的抗氧化能力及活性成分。结果表明，副干酪乳杆菌GXSS、植物乳杆菌Y1 和副干酪乳杆菌K4 发酵干黄精的指标均高于副干酪乳杆菌K2 发酵干黄精的指标。选用干黄精为发酵基质，副干酪乳杆菌GXSS、植物乳杆菌Y1 和副干酪乳杆菌K4 为适宜发酵菌株。发酵时间、接种量、混菌比例、料液比均显著影响黄精的生物活性。接种量8.3%、发酵时间26 h、混菌比例1:1:1，黄精发酵液的DPPH 自由基清除率最高达94.76%。发酵后的α-淀粉酶抑制率提高10.6%，α-葡萄糖苷酶抑制率提高21.1%；胞嘧啶、γ-谷氨酰丙氨酸、次黄嘌呤、3-苯基乳酸、苯乙酰谷氨酰胺、红景天苷、邻乙酰丝氨酸、黄嘌呤、肌酸、琥珀酸、6-羟基褪黑素、杏仁苷等化合物含量显著增加。

（2）黄精发酵豆浆。黄精多糖发酵豆浆（PP-FSM）、黄精发酵豆浆（P-FSM）

与普通发酵豆浆（FSM）比较，前两者的总酸度（TA）和保水性（WHC）等理化参数升高，产品储藏时间延长，异黄酮、γ-氨基丁酸（GABA）、有机酸等活性物质含量普遍增加，抗氧化性能普遍提高。其中：

①理化特性。TA和pH是豆浆发酵和储存过程中质量的重要指标。对比研究发现，PP-FSM和P-FSM样品在发酵过程中的TA值显著高于FSM，且在储藏期间PP-FSM和P-FSM的TA值比FSM稳定，酸化程度不严重。证明黄精多糖对乳酸菌发酵有促进作用，加速有机酸的积累，而在储存过程中，黄精多糖可以降低后酸化程度，延长产品的保质期。WHC和黏度是评价发酵豆浆组织状态的重要指标，PP-FSM在储藏期间WHC最好。证明添加黄精多糖有利于发酵豆浆在保质期内的品质稳定性和风味保留。对乳酸菌微生物活性进行比较发现，发酵和保存过程中PP-FSM和P-FSM的活菌数略高于FSM，说明黄精多糖能促进乳酸菌的生长。

②活性成分。异黄酮是大豆生长过程中的次级代谢产物，具有多种对人类有益的生物活性。但异黄酮糖苷由于与糖部分高度结合而不易被人体吸收。在发酵过程中，可以将糖苷异黄酮转化为更容易被人体吸收的异黄酮苷元。试验结果表明，PP-FSM和P-FSM对大豆苷和染料木苷的转化率比FSM高，且发酵后PP-FSM和P-FSM样品的异黄酮苷元含量增加。即添加黄精提取物或黄精多糖的发酵豆浆比普通发酵豆浆具有更高的异黄酮糖苷转化能力，进而促进人体对其吸收利用。GABA是乳酸杆菌中谷氨酸脱羧反应（GAD）的最终产物，也是脊椎动物神经系统主要的抑制性神经递质，具有降低血压、调节激素分泌等作用。试验结果表明，发酵结束时PP-FSM和P-FSM样品的GABA含量显著高于FSM样品，添加黄精提取物和黄精多糖改变了发酵体系中的碳源组分，可能有利于GABA的合成，从而导致GABA含量的变化。在发酵过程中豆浆的营养成分会发生变化，产生酸奶风味物质的关键或前体物质——有机酸。发酵和储藏结束时，PP-FSM和P-FSM样品的乳酸含量均显著高于FSM样品。发酵后柠檬酸含量显著降低，苹果酸、丙酮酸和琥珀酸含量升高，草酸和乙酸含量均呈增加趋势。总的来说，PP-FSM和P-FSM样品产生更多的有机酸。因此，这两种样品的风味、稳定性和质地都优于FSM样品。测定发酵末期不同样品的总酚含量（TPC）、总黄酮含量（TFC）及抗氧化活性，结果表明PP-FSM和P-FSM样品的TPC和TFC含量显著高于FSM样品，并且前两者的自由基清除活性及铁离子的整合能力都提高，表明PP-FSM和P-FSM均表现出良好的抗氧化能力。

（3）凝固型黄精酸豆奶。以黄精汁、大豆、全脂奶粉、蔗糖和果葡糖浆为原料，将黄精提取液加到含有牛乳的豆奶中进行乳酸发酵，加入乳化剂0.20%

[接种量5%（保加利亚乳杆菌：嗜热链球菌为4∶3）]，发酵温度42℃，发酵时间4h，制成黄精酸豆奶，成为集营养保健功能和独特风味于一体的黄精发酵酸奶。

（4）红曲黄精发酵。对发酵培养基组分和工艺参数进行研究，确定了红曲黄精的最优发酵工艺：以500mL锥形瓶装干燥黄精25g，添加果糖6%、大豆粉12%、KCl 0.1%、KH$_2$PO$_4$ 0.4%、MgSO$_4$ 0.2%，培养基初始含水量为60%，接种红曲菌种子液15%，补水6%，30℃培养至第7天时降温至25℃，发酵至第15天，产物中洛伐他汀含量可达17.12μg/g。黄精经红曲菌固态发酵后，色泽和口感得到改善，提高了黄精的食品应用价值，可丰富黄精产品形式。红曲黄精能增强免疫低下小鼠的免疫功能，改善小鼠血脂水平。

（二）黄精基发酵酒类

中国是世界文明古国之一，在中华民族的开化史上，有素称发达的农业，在农耕生产发展的同时，我们的祖先发明了酿酒。从古代文献记载和考古资料可以看出，我国最晚在夏代已能人工造酒。酒的发明和应用，促使用药范围得到扩大。酒能消毒，通血脉，制药剂。小剂量可以兴奋，大剂量可以麻醉。用酒治病是古代医家的一大发明，是医疗上的一大进步。《汉书》有"酒，百药之长"的记载。黄精酒在《千金翼方》《圣济总录》《太平圣惠方》《本草纲目·酒》中均有记载。近年来，随着消费者生活质量的日益提高，人们追求健康的方式也越来越多，对酒类产品的需求日趋个性化和多元化，口感柔和、保健滋补的新型低度酒越来越受到消费者的欢迎。黄精发酵酒成为更多消费者更好的选择。目前市场上有黄精果酒、米酒、蒸馏酒、啤酒、浸泡酒。

由于黄精中含有较多的果糖和葡萄糖，因此黄精可直接用于糖化发酵。在目前的黄精直接发酵研究中，利用黄精与大米、红枣、枸杞及其他原辅料共发酵，得到了品质最佳的黄精保健黄酒。通过对发酵型黄精米酒生产工艺的研究发现，在米酒酿制过程中加入黄精提取液后，酿酒酵母的发酵周期明显缩短，黄精中的活性成分也能更有效地析出，酿制所得的米酒抗氧化能力随酿制时间延长而增强，且强于浸提型米酒。黄精枸杞酒中主要以皂苷和黄精多糖及少量黄酮类化合物为功效成分，且产品有较强的热稳定性，但不抗冷，低温处理保存时需过滤保证产品的稳定性。

除了直接混合发酵法外，黄精酒生产还采用浸提发酵法。浸提发酵法与直接混合发酵法的主要区别在于，浸提发酵法在原料处理上增加了黄精有效成分提取的过程，可以大幅度提高黄精多糖、皂苷、总黄酮等有效成分的浸出量，进而提高黄精有效成分的利用率。目前，黄精有效成分提取常用的方法有溶剂提取法、酸提法、酶解法等。利用浸提发酵法最终得到富含氨基酸、多糖、皂苷等功效成分的新型清爽低度型黄精保健米酒。

1.酵母对黄精酒的抗氧化活性及风味特征的影响

酵母发酵能够提升黄精浸提液中皂苷、总酚、总黄酮含量及抗氧化活性。BRG、D254、DV10 3种商业酵母发酵黄精酒的理化指标存在显著差异，DV10发酵的黄精酒酒精度、总黄酮含量最高，总糖、总酸含量相对较低。3种黄精酒在涩味、苦味回味、鲜味、丰富度、咸味、酸味和苦味上存在差异，DV10黄精酒滋味更为协调。3种酵母发酵的黄精酒共计检测出48种挥发性物质，BRG、DV10和D254分别为36种、31种和22种。DV10发酵的黄精酒中酯类物质含量最高，气味活度值的香气成分有6种，分别为丁酸乙酯、乙酸异戊酯、正己酸乙酯、辛酸乙酯、癸酸乙酯和异戊醇，是DV10发酵黄精酒的关键香气组分，赋予了DV10发酵黄精酒花香、果香和奶油香。BRG发酵黄精酒挥发性物质中有硫化氢（存在臭鸡蛋气味），D254发酵黄精酒关键香气组分较少。3种酵母对黄精酒的抗氧化活性及风味特征的影响结果表明，黄精酒的生产选择酵母很重要。

2.黄精对酿酒酵母与米酒品质的影响

黄精中含有酿酒酵母所需的生长因子，一定量的黄精对酿酒酵母的生长具有促进作用，黄精加入米酒中一同酿制，不但能提高黄精活性成分的析出率，还能促进酵母生长，有利于缩短米酒发酵周期，使米酒更具醇香味。

传统麦曲制作的过程中添加2.5%的黄精，麦曲的微生物多样性显著提升，其中，*Paecilomyces varioti*、*Rasamsonia emersonii*、*Limosilactobacillus pontis*、*Pantoea agglomerans*、*Rhizopus microsporus* 及 *Puccinia striiformis* 等的优势菌种显著增加，与黄酒品质直接相关的糖类代谢、蛋白质和氨基酸代谢等的优势功能基因的表达量显著增加，促进其酿造黄酒中的醇类、醛类等风味物质的丰度增加，其中包括butanoicacid 3-methyl ethyl ester、ethyl 2-methylpropanoate、α-pinene 等。

黄精米酒引入了多糖、多酚等功能因子，小鼠摄入后可改善肠道菌群，增加肠道菌群多样性，促进*Odoribacter*、*Parabacteroides*、*Kazachstania*属等产短链脂肪酸功能菌的生长，间接提高短链脂肪酸水平，并通过调节脂质代谢和炎症反应，促进高血脂小鼠甘油三酯、甘油二酯的分解代谢，抑制甘油磷脂分解，从而起到改善小鼠高血脂的作用。在糯米中分别添加2%、5%、10%的黄精粉，料液比分别为20∶1、10∶1、5∶1（g∶mL）的黄精汁均能提高产酒率、酵母的比生长速率、体外抗氧化能力，其中添加5%的黄精粉效果最佳，酵母比生长速率为0.043 5h^{-1}，DPPH自由基清除率为46.82%，总酚含量为74.56μg/mL，总黄酮含量为14.90μg/mL。

3.黄精果酒

以黄精饮片为原料，经RX60干酵母发酵生产黄精果酒。以酒精度和感官评分为评价指标，通过单因素试验和正交试验，优选出黄精果酒发酵的最佳工艺条件：发酵时间21d，发酵温度27℃，果胶酶用量30mg/L，干酵母用量0.5g/L。在此条件下，黄精果酒酒精度为（7.8±0.3）%vol，感官评分为（86±3.5）分。果胶酶用量对酒精度的影响很小，感官变化幅度也很小，因此，是否需要果胶酶值得探讨。黄精果酒可参考的生产工艺如下：

黄精+10倍量的水浸泡→煎煮→药液和药渣的混合物→过滤药渣→药液→澄清→酵母活化→成分调整→接种发酵→倒瓶→后发酵→澄清→灌装→杀菌→陈酿→成品。

4.黄精黑糯米酒

以黑糯米为主要原料，以黄精提取液为辅料制备黄精黑糯米酒。酿造工艺条件为酒曲与酵母重量比1:1、发酵时间6d、黄精提取液添加量28%、料液比（糯米与水）1.0:7.0（g:mL）。在此优化条件下，黄精黑糯米酒的酒体澄清透亮，呈紫红色，酒香醇厚，具有黄精风味，感官评分为87分，酒精度达12.0%vol，总糖、还原糖、总酸、氨基酸态氮、花色苷和总黄酮含量分别为41.3g/L、37.4g/L、6.32g/L、0.22g/L、37.9mg/L和0.23g/L。

5.黄精啤酒

参照传统的啤酒发酵工艺，以黄精为辅料，将制得的黄精多糖提取液与青稞麦芽糖化后，进行啤酒发酵，主发酵工艺：主发酵温度10℃，料液比1:7，主发酵时间7d。在此条件下，黄精啤酒的感官评价结果为93分，酒精度为3.51%vol，残糖量为16.4g/L，双乙酰含量为0.06mg/L。酿制成的黄精啤酒色泽淡黄有光泽，澄澈透明，无明显的沉淀物和悬浮物；泡沫洁白细腻，挂杯持久；口感爽口且杀口力强，酒香浓郁协调，品质较好，具有黄精啤酒的风味特征；理化和卫生指标均符合GB/T 4927—2008《啤酒》中的相关规定。

采用顶空固相微萃取法提取黄精啤酒和青稞啤酒中挥发性风味物质，用气相色谱质谱联用的方法对黄精啤酒和青稞啤酒中风味物质分离并进行定性定量分析，结果表明，黄精啤酒中共分离出52种风味物质成分，青稞啤酒中共分离出39种风味物质成分，黄精啤酒和青稞啤酒主要的挥发性物质基本都是乙酸乙酯、丁酸乙酯、乙酸异戊酯、苯甲酸乙酯、癸酸乙酯、己酸等，但是黄精啤酒也成功引入了黄精的一些独有挥发性风味物质：2-烯丙基苯酚、2-甲基呋喃、十四烷、石竹烯、2-羟甲基呋喃、庚醛、5-羟甲基糠醛、金合欢烯、糠醛、棕榈酸，其中石竹烯具有辛香、木香、柑橘香、樟脑香及温和的丁香香气，庚醛具有鲜甜的草本气味，金合欢烯具有清香、花香并伴有香脂香气。这些挥发性风味物质丰富了黄精啤酒的感官品质，并赋予黄精啤酒独特的口感，同时也符合黄精啤酒的感官评价结果，使黄精啤酒具有潜在的保健功能。

6.黄精苹果酒

以酒黄精和苹果为原料，制作具有保健功效的黄精苹果酒。通过正交试验优化出黄精苹果酒的最佳工艺：酵母添加量0.10%，发酵温度26℃，酒黄精添加量2.0%，含糖量20%。酒黄精、苹果和黄精苹果酒检出挥发性成分共47种，其中酒黄精中挥发性成分共17种，苹果中挥发性成分共12种，黄精苹果酒中挥发性成分共28种，其中醇类7种、酯类4种、酸类7种、烷类2种、醛类1种、其他物质7种。占主要比例的挥发性成分醇类和酯类具有独特的发酵醇香和酯香。苯乙醇占挥发性成分的38.7%，具有独特清甜的花香，对黄精苹果酒总体香气具有不可忽视的作用。脂类具有芳香风味，是黄精苹果酒总体香气的重要组成成分。与原料酒黄精和苹果相比，黄精苹果酒的风味物质在种类和含量上都有极大的增加，可见发酵有助于产生大量风味物质和营养物质。

7. 黄精大枣果酒

以干酵母为发酵剂，黄精、大枣为原料混合发酵进行果酒的酿制，并对果酒的抗氧化活性进行测定。黄精大枣果酒发酵条件：物料组分比2∶3（g∶g）、液料比30∶1（mL∶g）、干酵母用量0.35g/L，在此条件下得到的黄精大枣果酒表现出均匀的淡黄色，酒香优雅、酒体协调、清澈透明，具有黄精和大枣典型风味，感官评分和酒精度分别为（90.67±1.53）分、（9.23±0.30）%vol；对DPPH、ABTS自由基的清除率最大值分别达到了99.5%、92.0%。

8.枸杞黄精复合酒

酿酒酵母RW和汉逊德巴利酵母AS2.45混合接种对枸杞黄精复合酒的质量和抗氧化性的影响试验结果表明，在混合接种方式下，枸杞黄精复合酒的酒精含量为3.88%～4.75%（体积分数）。在先接种汉逊德巴利酵母AS2.45并于24h后接种酿酒酵母RW混菌发酵枸杞黄精酒中，总皂苷和总多糖含量分别为4.39mg/mL和0.21mg/mL。研究发现丁酸乙酯、香茅醇和3-甲硫基丙醇是汉逊德巴利酵母AS2.45的独特代谢产物。4-甲氧基苯甲酸是酿酒酵母RW发酵的核心产物。此外，除了只接种酿酒酵母RW的枸杞黄精复合酒外，所有酒样的感官评价可接受性得分均高于7.3。

（三）他山之石龙舌兰酒及其启发

龙舌兰是天门冬科龙舌兰属的多年生草本植物，叶基生呈肉质莲座状，先端具有暗褐色硬尖刺，叶缘疏生刺状小齿；花茎粗壮，高6m或更高。约6000万年前诞生在地球上，原产于美洲热带，在中国华南及西南各省份常引种栽培，在云南已逸生多年；适合在干燥的环境中生长。

据中美洲瓦哈卡河谷圭拉那魁兹洞穴、布兰卡洞穴、马蒂内兹岩棚（瓦哈卡河谷的米特拉附近），以及现已闻名遐迩的麦克尼什的科斯卡特兰、普隆、阿贝荷斯、埃尔列戈和圣马科斯洞穴遗址的动植物遗存考证，10 000年前，在食物采集时代，龙舌兰是中美洲史前原始人群最主要的食物。龙舌兰的生长非常适合贫瘠的土壤和崎岖的地形，大约在3 500年前的远古时代，墨西哥人开始驯化栽培。成熟的茎用作酿造龙舌兰酒，其叶纤维可用于制造船缆、绳索、麻袋等；此外，龙舌兰是生产甾体激素药物的重要原料。

特基拉（Tequila）是墨西哥的一座小城，位于特基拉火山的小山丘与里约格兰德河的深谷之间，以盛产墨西哥最具特色的植物龙舌兰著称，拥有茂盛的蓝色龙舌兰草景观。位于特基拉的阿伽夫景观和古代龙舌兰酿酒基地（Agave Landscape and Ancient Industrial Facilities of Tequila），2006年根据文化遗产遴选标准C（Ⅱ）（Ⅳ）（Ⅴ）（Ⅵ）被列入《世界遗产名录》。16世纪，龙舌兰根茎中的汁液被用于酿造龙舌兰酒，又名特基拉酒；由于口味甘冽，成为墨西哥的国酒，也是世界上最受欢迎的烈性酒之一。2023年，美国市场上龙舌兰酒的总销量超过3 160万箱（按9L/箱计量），这一数据使其超越威士忌，成为仅次于伏特加的第二大烈酒。近年来该酒正在向世界各地发展，相当受年轻人欢迎，2023年全球龙舌兰酒的年贸易额为147亿美元，成为10种全球市场销量最多的酒精饮料之一及全球六大基酒之一。

1.产品分类

早在16世纪，墨西哥的印第安人利用龙舌兰植物的汁液进行发酵制成一种类似啤酒的饮料，取名布尔盖（Pulque），这种饮料深受西班牙人所喜爱，后来西班牙人进一步将龙舌兰植物汁液酿制的酒液，通过简单的蒸馏釜蒸馏得到一种较烈的粗制酒，称为梅斯卡尔（Mezcal）。19世纪末期，在特基拉小城的周围，有几家生产梅斯卡尔酒的家庭，从国外学习了一些改良的生产方法，巧妙地制成一种晶亮而洁净的烈性酒。这种烈性酒是在改良的蒸馏釜中，经过2次蒸馏而成。由于它创始于特基拉小城，为此以地名定酒名为特基拉酒。

（1）特基拉酒（Tequila）。只有以在墨西哥Jalisco州以及Mechecan州、Nayarit州特定地区生长的蓝色龙舌兰草为原料酿造的酒才有资格冠上特基拉（Tequila）之名。墨西哥政府标准局给真正的墨西哥特基拉酒制造商一个NOM（Norma Oficial Mexicanade）号码，如NOM1102-1等，墨西哥龙舌兰酒的酒标上印有这个号码和标志时，表明这种酒是优质和可靠的。这相当于我国的地理标志产品。

（2）布尔盖酒（Pulque）。这是一种用龙舌兰心为原料，经过发酵而制造出的发酵酒类，最早可追溯至古代的印第安文明时期，在宗教上有不小的用途，也是所有龙舌兰酒的基础原型。

（3）梅斯卡尔酒（Mezcal）。是所有以龙舌兰心为原料所制造出的蒸馏酒的总称。简单来说，Tequila是Mezcal的一种，但并不是所有的Mezcal都能称作Tequila。

2.制作工艺

龙舌兰植物约需10年才能成熟，龙舌兰酒制造业者把成熟龙舌兰外层的叶子砍掉，取其充满香甜、黏稠汁液的中心部位（当地人称为pina，可重达68kg），随后将其放入炉中蒸煮成浓缩甜汁，并使果聚糖（曾被误认作淀粉）转化为单糖。经煮过的龙舌兰心再送到另一机器挤压成汁发酵，果汁发酵达酒精度5%～7%开始蒸馏。龙舌兰酒在铜制单壶式蒸馏器中蒸馏2次，未经过木桶成熟的酒，透明无色，称为White Tequila，味道较呛；另外一种Gold Tequila，因淡琥珀色而得名，通常在橡木桶中至少储存一年，味道与白兰地近似。

（1）蒸煮或烘烤过程。原料到了酒厂后，通常会被十字剖成四瓣以方便进一步的蒸煮处理。去除龙舌兰心外部的蜡质或残留的叶根，因为这些物质在蒸煮过程中会变成苦味来源，使用现代设备的酒厂则是以高温蒸汽来达到相同的效果。

传统加工是挖一个大土坑，放入橡木，点火燃烧，上面铺一层小石头，然后把切开的龙舌兰心放在石头上，之后依次铺上一层纸和一层土，通过石头的热量把龙舌兰根茎烤熟，这个过程需要在60～85℃的温度下持续烘烤50～72h，以将果聚糖慢慢软化，并释放出天然汁液，但又不会因为火力太强及燃烧太快而煮焦龙舌兰心使汁液变苦或不必要地消耗掉宝贵的可发酵糖分。

当龙舌兰心彻底软化且冷却后，工人会用大榔头将它们打碎，并且移到一种传统的使用驴子或牛推动且称为Tahona的巨磨内磨得更碎。传统加工，工人会穿着靴子踩踏这些纤维，以增加香味。取出的龙舌兰汁液（称为aquamiel，意指糖水）再掺调一些纯水之后，放入大桶中等待发酵。

（2）发酵过程。切片或磨碎的龙舌兰被送到发酵室，加入特定的酵母进行发酵。传统用来发酵龙舌兰汁的容器是木制的酒槽，现代化酒厂主要是不锈钢酒槽，发酵过程可能需要7～12d，但在现代化酒厂中，通过添加其他化学物质来加速发酵过程，通常只需2～3d。

（3）蒸馏过程。龙舌兰汁经过发酵后，制造出来的是酒精度5%～7%、类似啤酒般的发酵酒。传统酒厂会以铜制的壶式蒸馏器进行两次蒸馏，现代酒厂则使用不锈钢制的连续蒸馏器，初次蒸馏耗时1.5～2h，制造出来的酒其酒精度约为20%。第二次蒸馏耗时3～4h，制造出的酒拥有约55%的酒精度。大约每

7kg龙舌兰心才制造出1L酒。

（4）储存与销售。刚蒸馏完成的龙舌兰新酒，是完全透明无色的，市面上看到有颜色的龙舌兰是因为放在橡木桶中储存过，或是添加酒用焦糖的缘故（只有Mixto才能添加焦糖）。

陈酿龙舌兰酒所使用的橡木桶来源很广，最常见的是二手波本威士忌酒桶，龙舌兰酒并没有最低的陈酿期限要求，但也可以按照陈酿的方式进行分级。金黄色的酒需要至少2～4年的陈酿时间，特级特基拉则需要更长时间的陈酿。

3.饮用方法

（1）传统饮法。墨西哥传统的龙舌兰酒喝法十分特别，也颇需一番技巧。首先把盐巴撒在手背虎口上，用拇指和食指握一小杯纯龙舌兰酒，再用无名指和中指夹一片柠檬片。迅速舔一口虎口上的盐巴，接着把酒一饮而尽，再咬一口柠檬片，整个过程一气呵成，无论风味或是饮用技法，都堪称一绝。

（2）常见饮法。龙舌兰酒也适合冰镇后纯饮，或是加冰块饮用。它特有的风味，更适合调制各种鸡尾酒。一般饮用的方法有以下几种：①加入七喜，用杯垫盖住酒杯用力敲下，再一饮而尽。②加柳橙汁和红石榴糖浆，让红石榴糖浆沿杯口慢慢流下，形成很漂亮的色层，叫作Tequila Sunrise。③用小汤匙舀未煮过的咖啡（磨成粉），一口咖啡一口酒。

（3）饮酒技巧。龙舌兰酒纯饮，先将龙舌兰酒含在嘴里，待舌头微麻时，慢慢下咽，会进入一种忘我的境界，当然必须是墨西哥原装进口的100% agave的龙舌兰酒。

4.文化意义

龙舌兰酒不仅是一种饮品，更是墨西哥文化和历史的载体。从原料的选择到最终的陈酿，每一个步骤都体现了墨西哥人对传统酿酒艺术的尊重和传承。无论是纯饮还是调制鸡尾酒，龙舌兰酒都能带给人们独特的味觉体验，同时也是墨西哥人民生活方式和文化认同的反映。龙舌兰酒在墨西哥文化中占据着重要地位，不仅是庆祝活动的必备饮品，也是墨西哥人民热情好客、豪放不羁性格的体现。它与墨西哥的音乐、舞蹈和传统艺术有着深厚的联系，成为墨西哥文化不可或缺的一部分。

四、黄精茶研究与开发

黄精茶是以黄精为主要原料或辅料的茶叶或茶制品，在市场上主要产品类别为代用茶、调味茶、配方茶、速溶茶（固体饮料）和其他类。黄精茶既能满足日常饮用，又具有很好的保健价值，并且滋味良好、开发门槛低、食用方便等，具有极大的开发前景。

（一）黄精代用茶

代用茶是指选用可食用植物的叶、花、果（实）、根茎等，采用与茶叶相似的饮用方式，即通过泡、煮等方式饮用的一类产品的俗称。新鲜黄精具有强烈的刺激性和麻味，鲜食会造成麻舌和咽喉刺痛。经炮制后，黄精的外观呈乌黑色并带有光泽，质地细腻柔顺，泡、煮之后，汤色红褐，滋味酸甜，是一种很好的代用茶产品。市场上的大多数黄精茶产品，一般以鲜黄精为原料，经过炮制数次至滋味鲜甜，然后干燥制成片、颗粒或丝状。

黄精代用茶是一种较初级的开发产品，大多数黄精种植、加工企业均拥有该类别产品，黄精茶加工中的炮制一般也是借鉴黄精饮片的炮制。历史上主要采用蒸制和煮制的方式，包括单蒸、重蒸、九蒸九晒，以及辅以其他成分进行炮制。随着对黄精现代炮制工艺的深入探讨，相关改进黄精炮制工艺的报道逐渐增加。以多糖等化学成分为指标，研究证实滇黄精九蒸九晒炮制过程中，先蒸后切和先切后蒸两种方式对成分含量影响不显著，但先蒸后切的方式在成分变化的速度上要快于先切后蒸。目前直接以黄精茶为目标的加工工艺研究不多，仅见吴永祥等证实烘制和烤制黄精茶的主要呈香物质相似但含量不同，以烷类及芳香族化合物为主，而苯乙醇、甲基丁香酚、桉叶油醇可能是黄精茶特征性风味物质；感官品质以烘制黄精茶相对较好，烘制黄精茶更好地保留了总酚、总黄酮等生物活性物质，并具有更为显著的ABTS阳离子自由基、DPPH自由基清除作用。李明研究发现，通过清蒸法可得到与酒蒸法一致的赣南食用黄精茶加工效果，最佳的加工工艺为蒸制5次，每次蒸制8h，烘干温度40℃。安徽省2021年发布实施了DB34/T 3860—2021《九华黄精茶加工技术规程》，对九华黄精茶的原料和加工工艺进行了规定，适用于九华黄精茶生产和加工。其工艺为原料清洗→浸润→第一次蒸制→第一次干燥→第二次蒸制→第二次干燥→第三次蒸制→第三次干燥→切片→第四次干燥→筛选分级→包装。苏海兰等报道了《多花黄精茶产地加工技术规程》，其中规定了福建多花黄精茶产地加工的场所选择、采收时间及方法、前处理技术、九次蒸制工艺和其他配套技术等，工艺为第1次蒸制（蒸煮机蒸制85～90min，达到透心，黄白色）→第1次干燥（在55～60℃烘房中干燥4h，外皮微干）→第1次闷润（用洁净布覆盖，放置1～2h，使根茎内外水分含量一致）→第2次蒸制（用蒸煮机蒸制65～70min）→第2次干燥（在45～50℃烘房中干燥4h）→重复至第8次干燥→切片（用圆盘切片机及履带式切片机切成厚度为2.5～4.5mm的小块状或丝状）→第9次干燥（40～45℃烘5～6h，烘至成品，即多花黄精茶，水分含量不得超过10.0%）。

九蒸九晒炮制样品的感官评价结果见图4-77。P0的颜色为黄白色，随着炮制的进行，颜色变为棕黑色；第四次蒸制后，颜色变黑。随着炮制次数的增加，滇黄精质地由坚硬变软，由密实变松软，嚼之有一定的黏性。新鲜的滇黄精有刺激性麻舌感，在第四次蒸制后消失，变得又香又甜。第六次炮制后，滇黄精逐渐产生酸味、苦味和涩味，甜度逐渐降低。因此，生产加工代用茶，滇黄精炮制4～5次即可达到又香又甜的口感，而过多的炮制，会导致苦味、酸味和涩味增加。

市场上除了纯的黄精代用茶外，还有按照中医配伍理论，采用黄精与枸杞、西洋参等拼配而成的配方代用茶，其保健功效可能更好。

（二）黄精调味茶

调味茶是以茶叶为基本原料，加入适量其他食品原料或食品添加剂，经加工制成的采用冲泡（浸泡或煮）方式供人们饮用的产品。黄精调味茶是以黄精为基本原料，加入红茶、普洱、白茶等茶叶加工而成的产品。例如，云南农业大学以黄精、白茶、桑叶为原料，开发了具有调节血糖代谢的调味茶产品，优化得到了滇黄精与普洱熟茶（生茶）为1:2，滇黄精与红茶为1:1，黄精、桑叶、白茶为1:1:1的配方，开发了含有黄精、桑叶、白茶的桑精茶。

（三）黄精速溶茶

速溶粉是利用喷雾干燥机将料液喷成雾滴分散于高温中，使料液所含水分快速蒸发而获得的一种饮用产品，具有质量好、质地松脆、溶解性能好等优点。同时速溶产品具有便于携带、食用方便、容易保存的特点。随着速溶咖啡的发展，英国首次创造出速溶红茶，引领了速溶产品的飞速发展。速溶产品的开发，满足了人们快节奏生活对食品方便、安全、营养、保健的要求，符合当代消费需求，适应21世纪国际流行的回归大自然这一食品工业发展的趋势，具有极高的价值和开发前景。

研究表明，反渗透膜浓缩方法对黄精澄清液浓缩有较佳的效果，真空冷冻干燥方式能够更好地保留黄精的风味和有效成分。云南农业大学应用响应面设计优化提取条件，获得滇黄精速溶粉加工工艺：65%乙醇溶液、料液比1:28、浸提2d、过滤、减压浓缩，之后加入2%糊精，喷雾干燥。加工的速溶粉多糖含量为7%～8.5%，其中生品滇黄精加工黄精速溶茶外观形状呈淡黄色细腻粉末，汤色浅黄明亮，微甜，香气纯正，有原药材香气；九制滇黄精加工黄精速溶茶外观

P0 P1 P2 P3 P4 P5 P6 P7 P8 P9

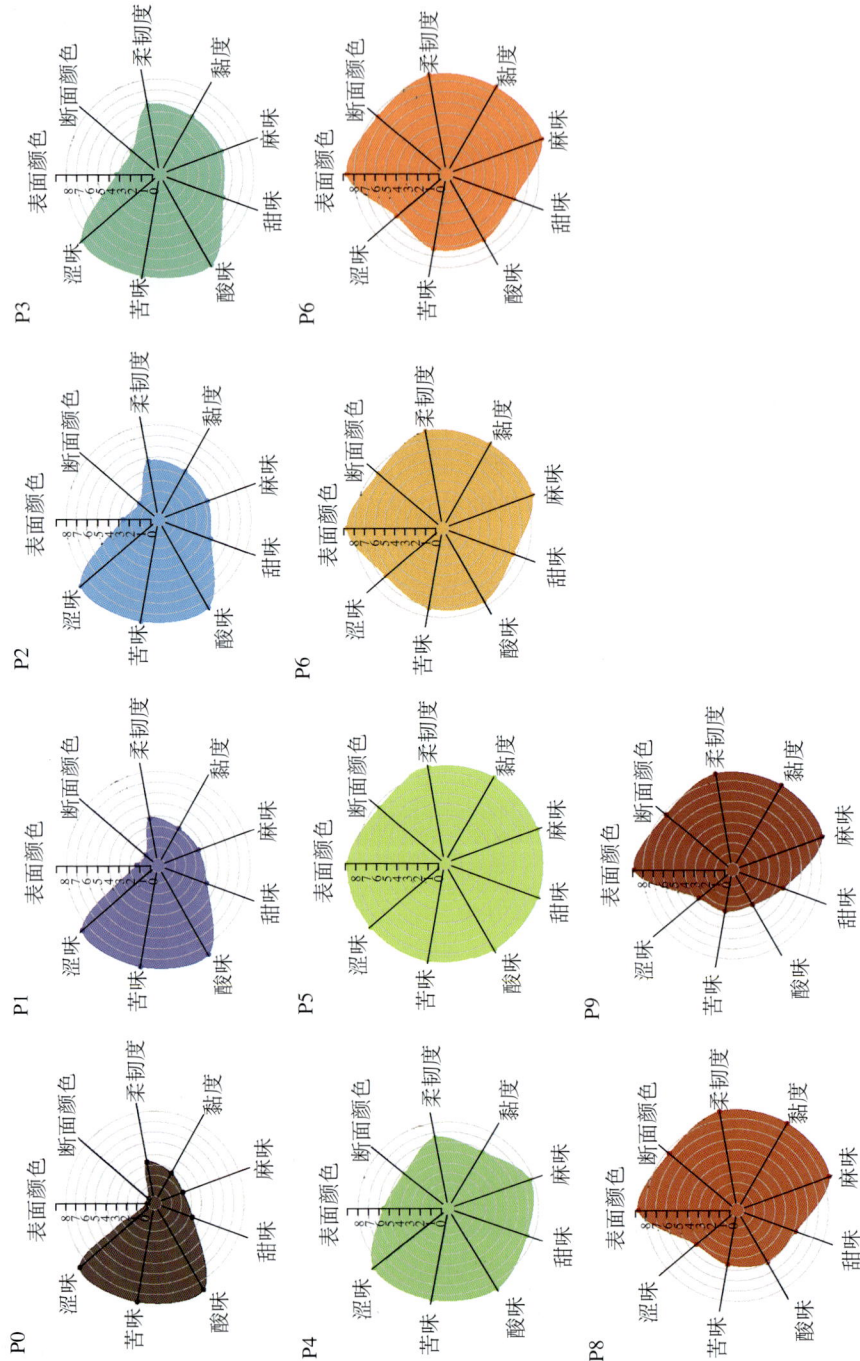

图 4-77　九蒸九晒滇黄精样品感官审评雷达图

形状呈浅棕红色细腻粉末，汤色棕红明亮，微甜，香气纯正，滋味比生滇黄精制作的稍淡（图4-78）。

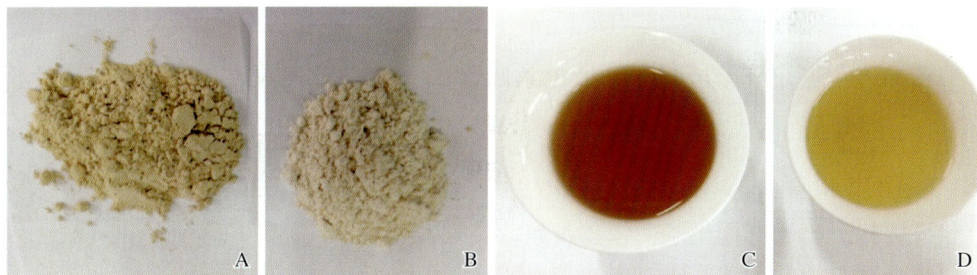

图4-78　黄精速溶粉
A、C.九制滇黄精速溶粉及其茶汤　B、D.生滇黄精速溶粉及其茶汤

（四）黄精茶饮料

除了可用于制作单一型茶饮之外，黄精茶也可以用于制作调配型茶饮。如将黄精与青钱柳、枳子、桑叶、决明子、葛根、山药、枸杞、茯苓、山楂、玉竹按1∶1∶1∶1∶1∶1∶1∶1∶1∶0.5∶0.5的比例混合，用10倍水提取2次之后合并滤液，浓缩，真空干燥成膏状即得到黄精茶提取物。将黄精茶提取物与富硒青钱柳、富硒荠菜、桑叶、甘草提取物、低聚果糖进行复配之后得到富硒青钱柳黄精茶珍；将多花黄精与祁门红茶分别浸提，按照3∶1的体积比进行配比获得的感官品质最佳；将黄精10g与枸杞子10g、菊花6g进行复配可得杞菊黄精茶；将炮制滇黄精与桑叶、三七茎叶、普洱茶、滇红茶进行复配，得到滇黄精调茶饮。

黄精作为药食两用的传统中药材，在我国具有悠久的药用历史和明显的种植优势，如何将其种植优势转化为产品优势、产业优势是未来的发展方向。目前，功能因子缺乏系统评价，作用机制有待进一步研究，以及产品开发技术体系不健全、精深加工产品缺乏创新、产销脱节等问题，严重制约了黄精产业的快速发展。唯有通过研究创新、产品创新、销售模式创新等，解决瓶颈问题，才能实现从资源优势到产业优势的转化。

结合现代人的健康养生追求，以及当今社会快节奏的生活方式和社会老龄化加剧等现实需求，黄精等药食同源品类的产品创新将走向茶饮化、零食化、礼盒化。未来可通过加强黄精茶活性功能和加工工艺的科学研究，研发集多样性、功能性于一体的黄精茶饮品；通过产品价值再造和升维品牌营销体系，让更多消费者了解、认知、认可接受黄精茶饮品的潜在健康与营养价值；与场景关联，通过建立习惯让消费者复购，从而促进黄精茶饮化，助力黄精产业发展。

五、黄精产业国家创新联盟开发的其他黄精食品

铁皮石斛黄精膏

【特点】补气养阴，益胃生津，健脾润肺（图4-79）。

【原料】黄精、枸杞子、铁皮石斛。

【生产单位】浙江森宇有限公司。

【生产过程】经提取、离心、浓缩、配料、过滤、灌装、灭菌、包装等工艺制得。

【用法】零食、代餐。

图4-79　铁皮石斛黄精膏

黄精桑椹糕

【特点】补气养血，健胃消食（图4-80）。

【原料】黄精、桑椹、白砂糖等。

【生产单位】浙江森宇有限公司。

【生产过程】经提取、离心、浓缩、配料、过滤、灌装、灭菌、包装九大工艺制得。

【用法】零食、代餐。

图4-80　黄精桑椹糕

黄精浆饮品

【特点】补气养阴，健脾润胃（图4-81）。

【原料】水、黄精、九制黄精。

【生产单位】义乌市森山健康科技产业有限公司。

【生产过程】经提取、离心、浓缩、配料、过滤、灌装、灭菌、包装九大工艺制得。

【用法】零食、代餐。

图4-81　黄精浆饮品

黄精小圆饼

【特点】 酥脆爽口，添加优质黄精粉（图4-82）。

【原料】 小麦粉、黄精粉、植物油、红豆沙、白砂糖、红糖、全脂乳粉、食用玉米淀粉、麦芽提取物、食用盐、蜂蜜、食用添加剂、食用香精香料。

【销售企业】 浙江如是心健康产业发展集团有限公司。

【用法】 零食、代餐。

图4-82 黄精小圆饼

黄精小麻花

【特点】 清爽酥脆、稻谷原香，添加黄精，健康美味（图4-83）。

【原料】 小麦粉、植物油、大米粉、糯米粉、白砂糖、黄精、麦芽糖浆、辣椒粉、食用盐、复配膨松剂。

【销售企业】 浙江如是心健康产业发展集团有限公司。

【用法】 零食、代餐。

图4-83 黄精小麻花

黄精曲奇薄脆

【特点】 可代餐，特别添加黄精（图4-84）。

【原料】 小麦粉、植物油、黄油、淀粉、绵白糖、黄精（干制品）、全脂乳粉、鸡蛋黄粉、食用盐、碳酸氢钠、罗汉果甜苷。

【销售企业】 浙江如是心健康产业发展集团有限公司。

【用法】 零食、代餐。

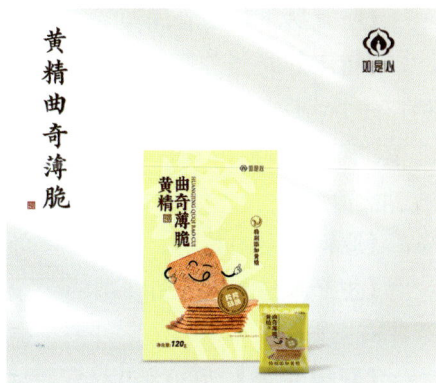
图4-84 黄精曲奇薄脆

黄精手撕植物蛋白干

【特点】豆制品，特别添加黄精（图4-85）。

【原料】水、大豆拉丝蛋白（大豆分离蛋白）、低温食用豆粕、谷朊粉、食用玉米淀粉、小麦粉、黄精粉、味精、海藻糖、食用盐、香辛料。

【销售企业】浙江如是心健康产业发展集团有限公司。

【用法】零食、代餐。

图4-85　黄精手撕植物蛋白干

黄　精　粉

【特点】超微粉碎，粉末细腻，水分含量低（图4-86）。

【原料】多花黄精。

【生产单位】新化县颐朴源黄精科技有限公司。

【加工工艺】将晒好的黄精清洗干净，切成片放入蒸柜中蒸制，然后烘至表皮变干，再将黄精放入蒸柜中继续蒸，再烘干。反复操作直至黄精表面呈棕黑色，有光泽。采用超微破壁粉碎，粉碎粒径达200目以上。

图4-86　黄精粉

黄精即食块

【所属品类】药食同源类滋补品。

【特点】补气养阴，健脾，润肺，益肾。精选泰山黄精，传承古法，九蒸九晒，每次历时60余d，手工精制而成。色泽乌黑油亮，质润醇厚，味甘如饴、甜糯可口（图4-87）。

【原料】泰山黄精。

【生产单位】泰安市泰山景区无恙堂健康产业有限公司。

【获得荣誉】2020年9月获评"全国十大黄精金奖产品"。

图4-87　黄精即食块

黄精妙果

【所属品类】黄精果脯。

【特点】补气养阴，健脾，润肺，益肾（图4-88）。

【原料】多花黄精。

【生产单位】金寨润元生物科技有限公司。

【制作过程】将黄精经过传统九蒸九晒工艺加工而成。

图4-88 黄精妙果

【获得荣誉】2023年9月获得"第四届中国黄精产业博览会金奖"。

黄精即食片

【所属品类】黄精果脯。

【特点】天龙峰即食黄精片（典藏款）作为新化地理标志产品，以其特级品质著称（图4-89）。该产品源自海拔800m以上的天龙峰独特地域，这里得天独厚的自然条件为黄精的生长提供了最佳环境。

【原料】精选多花黄精作为唯一原料，无任何添加。

【生产单位】新化县天龙山农林科技开发有限公司。

【制作过程】九蒸九制。

图4-89 黄精即食片

即食九制多花黄精

【所属品类】黄精果脯。

【特点】补气养阴，健脾，润肺（图4-90）。

【原料】多花黄精、黄酒。

【生产单位】深圳市皇菁生物科技有限公司。

【制作过程】完全依照古法炮制，创新优化，全程无尘，不户外晾晒，按制药的标准方式九蒸九晒黄精。

图4-90 即食九制多花黄精

制黄精（粒）

【所属品类】代用茶。

【特点】精选颗粒，口感醇香甘甜，种植与加工通过有机认证（图4-91）。

【原料】多花黄精。

【生产单位】新化县颐朴源黄精科技有限公司。

【加工工艺】采用传统古法九制工艺。

图4-91　制黄精（粒）

九制泰山黄精丝茶

【所属品类】药食同源类代茶饮。

【特点】补气养阴，健脾，润肺，益肾。泰山黄精丝茶冲泡后，茶汤色泽金黄、味甘醇厚，茶底丝形优美，可单独冲泡，亦可与其他茶类或代用茶冲泡（图4-92）。

【原料】泰山黄精。

【生产单位】泰安市泰山景区无恙堂健康产业有限公司。

【获得荣誉】2022年11月获得"第三届中国黄精产业博览会金奖"。

图4-92　九制泰山黄精丝茶

九制黄精丝

【所属品类】代用茶。

【特点】高品质原料、纯手工工艺、茶色明亮、口感浓郁、健康养生、反复冲泡（图4-93）。

【原料】多花黄精。

【生产单位】新化县天龙山农林科技开发有限公司。

【制作过程】纯手工切丝：纯手工将黄精切成细丝，保持其天然形态与营养。晾晒干燥：将切好的黄精丝进行九制低温烘干处理，确保营养保留的同时，口感上乘，茶汤出汤快，茶汤色清亮金黄，黄精丝干燥度适中，也便于保

图4-93　九制黄精丝

存。品质检验：对成品黄精丝进行严格的品质检验与筛选，确保无杂质、无异味。

黄精丝茶

【所属品类】代用茶。

【特点】补肾益气，通便，提高睡眠质量，改善起夜（图4-94）。

【原料】黄精。

【生产单位】池州市九华府金莲智慧农业有限公司。

图4-94　黄精丝茶

【制作过程】选取九华山8年以上九制黄精，九蒸九晒切丝后烘干。

【获得荣誉】2024年5月获得"第四届中国黄精高质量发展研讨会金奖"。

黄精丝（茶）

【所属品类】代用茶。

【特点】富硒富锌，清香扑鼻、提神养生、缓解疲劳、增强免疫力（图4-95）。

【原料】安徽倒苗多花黄精。

【生产单位】潜山市丰成农产品开发有限责任公司。

【制作过程】将倒苗的黄精块茎挖出后，经过传统的九蒸九晒制成。

【获得荣誉】2022年11月获得"第三届中国黄精产业博览会金奖"。

图4-95　黄精丝（茶）

九制黄精茶

【所属品类】九制黄精茶。

【特点】补气养阴，健脾，润肺，益肾（图4-96）。

【原料】多花黄精。

【生产单位】金寨润元生物科技有限公司。

【制作过程】将鲜黄精经过传统九蒸九制工艺加工而成。

【食用方法】取产品9g，用开水浸泡3min，即可饮用。

图4-96　九制黄精茶

九制泰山黄精茶

【所属品类】药食同源类代茶饮。

【特点】补气养阴，健脾，润肺，益肾。泰山黄精九蒸九晒而成，切制成丁，状如碎银子，茶汤色泽金黄、味甘醇厚，可单独冲泡，亦可与其他茶类或代用茶配煮（图4-97）。

【原料】泰山黄精。

【生产单位】泰安市泰山景区无恙堂健康产业有限公司。

【获得荣誉】2021年10月获评"中国林产品交易会金奖产品"。

图4-97　九制泰山黄精茶

九制多花黄精茶

【所属品类】代用茶。

【特点】补气养阴，健脾，润肺，益肾（图4-98）。

【原料】多花黄精、黄酒。

【生产单位】深圳市皇菁生物科技有限公司。

【制作过程】完全依照古法炮制，创新优化，全程无尘，不户外晾晒，按制药的标准方式九蒸九晒黄精。

图4-98　九制多花黄精茶

黄　精　茶

【所属品类】代用茶。

【特点】省级非物质文化遗产，传统技艺与现代科学融合，使其透亮如玉石般，口感软糯香甜（图4-99）。

【原料】多花黄精。

【生产单位】湖南银鸿农业发展有限公司。

【制作过程】晾晒→自然上糖→烘烤→脱毛→烘烤→揉碾（烘烤、揉碾重复4次）→发汗（发酵）→糖分沉淀→清洗→蒸制（多次）→烘干。

图4-99　黄精茶

黄　精　茶

【所属类别】代用茶。

【特点】补气养阴，健脾，清肺润肺，固精补肾（图4-100）。

【原料】大叶滇黄精。

【生产单位】重庆市合信农业科技有限公司。

【制作过程】精选7年以上肉质肥厚的优质大叶滇黄精，取中心部位按照九蒸九晒传统古法工艺制作。

【获得荣誉】2024年5月获得"第四届中国黄精高质量发展研讨会金奖"。

图4-100　黄精茶（慢品时光）

文创黄精

【所属品类】代用茶。

【特点】美味，方便，有趣，健康，宣传南充人文风情（图4-101）。

【原料】九蒸九晒黄精10g。

【生产单位】南充蜀妙农业发展有限公司。

【制作过程】将九蒸九晒黄精放入小包中，高温消毒制成。

【获得荣誉】2024年5月获得"第四届中国黄精高质量发展研讨会金奖"。

图4-101　文创黄精

蜀妙黄精茶

【所属品类】代用茶。

【特点】美味，方便，有趣，独立，干净卫生（图4-102）。

【原料】九蒸九晒黄精6g。

【生产单位】南充蜀妙农业发展有限公司。

【制作过程】将九蒸九晒黄精填入杯中，经过食用无纺布密封成形包装。

图4-102　蜀妙黄精茶

【获得荣誉】2023年9月获得"第四届中国黄精产业博览会金奖"。

铁皮石斛花黄精茶

【所属品类】代用茶。

【特点】补肾健脾，增强免疫力（图4-103）。

【原料】黄精、干制铁皮石斛花、茯苓。

【规格】3g/袋。

【生产单位】浙江森宇有限公司。

图4-103 铁皮石斛花黄精茶

黄精速溶茶

【所属品类】速溶茶。

【特点】补气养阴，健脾，清肺润肺，固精补肾（图4-104）。

【原料】黄精、枸杞、麦芽糊精。

【生产商】安徽九华峰生物科技有限公司。

【制作过程】原料→配料调配→混合→造粒→烘干→冷却→灌装→检验→包装→成品。

【食用方法】开水冲泡，直接饮用。

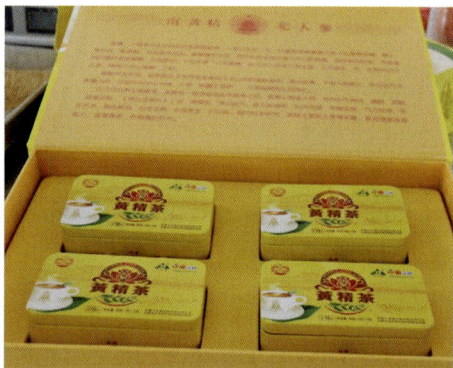

图4-104 黄精速溶茶

黄精人参能量饮

【所属品类】植物饮料。

【特点】迅速缓解疲劳状态，固本培元，生津止渴（图4-105）。

【配方】水、芒果原浆、冰糖、黄精、山楂浓缩汁、薄荷、食品用香精（含瓜拉纳提取物）、牛磺酸、乌梅浓缩液、人参冻干速溶粉、烟酸、维生素B_6。

【生产单位】义乌市森山健康科技产业有限公司。

图4-105 黄精人参能量饮

铁皮石斛花活力饮

【所属品类】植物饮料。

【特点】补气养阴，唤醒活力（图4-106）。

【配方】水、铁皮石斛花水（干制铁皮石斛花、DL-苹果酸）、赤藓糖醇、玉竹、陈皮、山楂、黄精、三氯蔗糖。

【生产单位】义乌市森山健康科技产业有限公司。

图4-106 铁皮石斛花活力饮

黄精燕麦饮

【所属品类】植物饮料。

【特点】补肾健脾，增强免疫（图4-107）。

【原料】黄精、燕麦、水。

【生产单位】新化县颐朴源黄精科技有限公司。

【获得荣誉】2024年11月获得第二届"全国黄精膳食大赛"总决赛金奖。

图4-107 黄精燕麦饮

黄精饮液

【所属品类】口服液。

【特点】滋阴养血，健脾，润肺，滋肾（图4-108）。

【原料】水、黄精、枸杞、酸枣仁、肉桂、干姜。

【生产单位】安徽九华峰生物科技有限公司、安徽省济仁国医大师研究院联合研制。

【制作过程】原料→配料调配→灌装→高温灭菌→检验→贴标→包装→成品。

【食用方法】直接饮用。

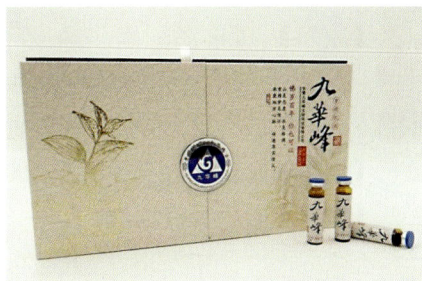

图4-108 黄精饮液

九华峰黄精酒

【所属品类】酒。

【特点】滋阴养血，健脾，润肺，滋肾（图4-109）。

【原料】优质白酒、水、黄精、枸杞。

【生产单位】安徽九华峰生物科技有限公司。

【制作过程】原料→勾调→配料配制→储存→过滤→灌装→检验→包装→成品。

【食用方法】直接饮用。

【获得荣誉】2023年9月获得"第四届中国黄精产业博览会金奖"。

图4-109　九华峰黄精酒

昕岸黄精酒

【所属品类】酒。

【特点】增强活力，强身健体（图4-110）。

【原料】九华黄精、优质白酒、水。

【生产单位】安徽昕岸酒业连锁有限公司。

【制作工艺】坚守"端午制曲、重阳下沙、2次投料、9次蒸煮、8次发酵、7轮次取酒"的酿造工艺。

【食用方法】直接饮用。

【获得荣誉】2024年11月获得第二届"全国黄精膳食大赛"总决赛金奖。

图4-110　昕岸黄精酒

铁皮石斛叶黄精酒

【所属品类】酒。

【特点】增强活力，强身健体（图4-111）。

【原料】高粱酒、水、蜂蜜、冰糖、桑椹、黄精、枸杞子、砂仁、干制铁皮石斛叶、人参（5年及5年以下人工种植）。

【生产单位】浙江森宇有限公司。

【食用方法】直接饮用。

图4-111　铁皮石斛叶黄精酒

黄　精　酒

【所属品类】酒。

【特点】健脾益气，润燥乌发，酒色橙黄清亮，酒性柔和（38％vol），酒味甘醇（图4-112）。

【原料】野生黄精、深泉水、力洋纯粮基酒。

【生产单位】宁波力洋酒业有限公司。

【制作过程】精心挑选10年以上的优质黄精进行九制，将九制黄精放入陶缸，注入纯粮基酒（力洋酒业自产的5年陈52％vol的优质高粱白酒），封缸浸泡180d。开封后经9次过滤。

图4-112　黄精酒

【获得荣誉】2024年5月获得"第四届中国黄精产业博览会金奖"，2024年11月获得第二届"全国黄精膳食大赛"总决赛金奖。

第五章　黄精资源可持续利用

一、中药材 GAP 生产简介

（一）中药材 GAP 的概念与范畴

1. 中药材 GAP 的概念

中药材 GAP 是《中药材生产质量管理规范》（Good Agricultural Practice for Chinese Crude Drugs）的简称，其中 GAP 是 Good Agricultural Practice 的缩写。该规范是由我国国家药品监督管理部门依据《中华人民共和国药品管理法》等组织制定，并负责组织实施的行业管理法规；是一项从保证中药材品质出发，控制中药材生产和品质的各种影响因子，规范中药材生产全过程，以保证中药材真实、安全、有效及品质稳定可控的基本准则。

该规范是中药材规范化生产和质量管理的基本要求，适用于中药材生产企业采用种植、养殖方式规范生产中药材的全过程管理，同《药物非临床研究质量管理规范》《药物临床试验质量管理规范》《药品生产质量管理规范》和《药品经营质量管理规范》共同构成了药品管理的 5 个配套规范。实施中药材 GAP，有利于对中药材生产全过程进行有效的品质控制，是保证中药材品质"稳定、可控"，保障中医临床用药"安全、有效"的重要措施。

2. 中药材 GAP 的范畴

该规范所指的中药材是广义的概念，涵盖传统中药、草药、民族药及引进的植物药。矿物药因来源于非生物，其自然属性和生产过程与生物类药差异较大，因此其生产质量管理不包括在本规范的范围内。

由于药材主要来源于药用动植物，因此中药材 GAP 的大部分内容是针对活的药用动植物及其赖以生存的环境而制订。中药材 GAP 既适用于栽培、养殖的物种，也包括野生种和外来种。值得注意的是，我国的中药材 GAP 概念涵盖的不仅是药用植物，还包括药用动物，这一点与 WHO 和欧盟的《药用植物种植和采集质量管理规范》仅包括药用植物和芳香植物不同，因为我国中药材包含以药用动物为基原的药材。

所谓中药材的生产全过程，以植物药为例，即指从种子开始经过不同的生长发育阶段到形成商品药材（经初加工）为止的过程。此过程一般不包括饮片炮制。但根据中药材生产企业发展趋势和就地加工饮片的有利因素，国家鼓励中药材生产企业按相关法规要求，在产地发展加工中药饮片。

（二）GAP基地质量管理核心措施

中药材GAP的核心是企业根据中药材生产特点，明确影响中药材质量的关键环节，开展质量风险评估，制定有效的生产管理与质量控制、预防措施。中药材GAP基地建设的质量管理主要包括三方面要求，一是明确影响中药材质量的关键环节，二是开展质量风险评估，三是制定有效的生产管理与质量控制、预防措施。其中"六统一"和"可追溯"是管控关键环节理念的集中体现，也是实施风险管控的核心措施。

1.六统一

"六统一"是指统一规划生产基地，统一供应种子种苗或其他繁殖材料，统一肥料、农药或者饲料、兽药等投入品管理措施，统一种植或者养殖技术规程，统一采收与产地加工技术规程，统一包装与储存技术规程。"六统一"是质量风险管控的最重要措施之一，其中"统一供应种子种苗或其他繁殖材料"是最严格的要求，也是现阶段相对较高的要求，是为了确保所有最小生产单元（多为农户）使用的种源质量合格，防止不明种源影响基地产品药材质量。"统一肥料、农药或者饲料、兽药等投入品管理措施"允许农户自行采购投入品，但需要按企业统一要求采购和使用。"统一种植或者养殖技术规程，统一采收与产地加工技术规程，统一包装与储存技术规程"是为确保不同的最小生产单元实施的生产措施和管理一致，企业实施的重点应当放在培训最小生产单元（如农户），以确保其掌握技术规程。

2.可追溯

"可追溯"是指企业应当建立中药材生产质量追溯体系，保证从生产地块、种子种苗或其他繁殖材料、种植养殖、采收和产地加工、包装、储运到发运全过程关键环节可追溯；应当明确中药材生产批次，保证每批中药材质量的一致性和可追溯。鼓励企业运用现代信息技术建设追溯体系。

主要追溯内容包括：①中药材批号；②企业情况（名称、生产负责人、质量负责人）；③中药材生产技术规程和内控质量标准；④基地基本情况（位置、面积、环境检测报告、组织方式、典型图片）；⑤种子种苗情况（种质鉴定报告、来源）；⑥使用的主要投入品情况（主要肥料或饲料、平均用量、使用时间，主要农药或兽药名称及次数、量、时间，是否使用生长调节剂等）；⑦种植、养殖过程情况（开始时间、主要措施、主要生长阶段典型图片）；⑧采收情况（年限和季节、方法、完成的时间段、操作典型图片）；⑨产地加工情况（净选方法、干燥方法、其他特殊方法、加工现场典型图片）；⑩储藏（入库时间、仓储方式、仓储条件、仓储时长、仓库内部和外部典型图片）；⑪中药材生产主要环节的记录；⑫中药材质量检测报告。

（三）中药材GAP基地建设实施路径

1.中药材GAP基地建设的基本思路

中药材GAP基地建设的基本思路可概括为"写我要做""做我所写""记我所做"，建立有效的监督管理机制，实现关键环节的现场指导、监督和记录并持续检查改进完善（图5-1）。

图5-1　中药材GAP基地建设流程管理核心要求

首先，企业按照中药材GAP的要求，对需要建设的中药材GAP基地进行整体规划，明确基地建设的目标和措施，制定相应的制度、规程等，并以文件体系的形式明确和固定，即为"写我要做"。企业一定要基于基地建设的实际情况，实事求是确定目标和措施，不能低于中药材GAP的要求，也不要制定难以企及的目标和后续无法做到的措施，一旦"写"下了要做的内容，后续就一定要实施。

其次，企业"写我要做"以后，就应当按所"写"内容，包括目标和措施等，开展基地建设和生产。忠实实施所"写"内容，即"做我所写"。

最后，为保证中药材生产、质量控制、质量保证等活动可追溯，企业需记录关键环节的操作和数据，即"写我所做"。

概言之，计划过程就是"写我要做"，执行"写"下的内容就是"做我所写"，记录所做过程的关键数据就是"记我所做"，对整个过程进行检查，并持续加以改进就是内审过程。

"写我要做""做我所写""记我所做"均围绕基地建设的主要流程及涉及的主要工作内容展开。整个流程可分为规划、文件编写、选址与准备、生产管理与质量控制、内审与完善等5个阶段（图5-2）。

①质量方针与目标
②组织方式明确
③生产模式确定   ①质量标准制定   ①人员管理与培训   ①明确生产批   ①按计划定期
④机构设计   ②管理制度制定   ②选址   ②统一供应种源   内审
⑤人员岗位配置   ③生产技术规程制定   ③设施建设   ③统一按技术规程种植/养殖   ②按规程处理
⑥质量风险评估   ④记录内容设计   ④设备与工具购置   ④统一按投入品管理措施管理   投诉、退
⑦设施设备确定   ⑤标准操作规程制定   ⑤种源准备   ⑤统一按技术规程采收与产地加工   货、召回
   ⑥投入品准备   ⑥统一按技术规程包装、放行与储运
   ⑦按批检验

规划 ▶ **文件编写** ▶ **选址与准备** ▶ **生产管理与质量控制** ▶ **内审完善**

关键环节现场指导、监督 →

全过程关键环节记录，可追溯 →

图5-2 中药材GAP基地建设流程与主要实施内容

2. "写我要做"的要点

（1）要"做"的内容。指中药材生产企业应当先对拟建设的中药材GAP基地进行规划，明确需要做的内容，制定相应的制度、规程等。包括：

①确定基地建设方式。中药材生产企业基地建设组织方式可灵活采取农场、林场、公司+农户或者合作社等方式，不受限制，但应当在企业制度中明确。

②确定中药材生产模式。企业需确定中药材种植或养殖的模式，如农田大规模种植或养殖，抑或野生抚育或仿野生栽培。

③设计组织机构。企业应当建立相应的生产和质量管理部门；生产管理负责人负责种子种苗或其他繁殖材料繁育、田间管理或者药用动物饲养、农业投入品使用、采收与加工、包装与储存等生产活动；质量管理负责人负责质量标准与技术规程制定及监督执行、检验和产品放行。

④配置人员和岗位。企业应当配备足够数量并具有与岗位职责相对应资质的生产和质量管理人员。

⑤确定需要的设施设备。企业应当建设必要的设施，包括种植或者养殖设施、产地加工设施、中药材储存仓库、包装设施等；选用与配置相应的生产设备、工具。

（2）"写"的内容。

①基地建设文件类型及要求。企业应当建立文件管理系统，制定标准操作规程以规范文件的起草、修订、变更、审核、批准、替换或撤销、保存和存档、发放和使用。企业应当制定中药材质量标准，标准不能低于现行法定标准。必要时可制定采收、加工、收购等中间环节中药材的质量标准。应当制定中药材种子

种苗或其他繁殖材料的标准。大型生产设备应当有明显的状态标识，应当建立维护保养制度。应当执行中药材放行制度，对每批药材进行质量评价，审核生产、检验等相关记录；由质量管理负责人签名批准放行，确保每批中药材生产、检验符合标准和技术规程要求；不合格药材应当单独处理，并有记录。应当建立中药材储存定期检查制度，防止虫蛀、霉变、腐烂、泛油等的发生。企业应当建立投诉处理、退货处理和召回制度。

②制定中药材规范化生产技术规程。生产技术规程文件是"写"的一大重要内容，是为实现中药材生产顺利、有序开展，保证中药材质量，对中药材生产的基地选址，种子种苗或其他繁殖材料，种植、养殖，野生抚育或者仿野生栽培，采收与产地加工，包装、放行与储运等所做的技术规定和要求。一种药材可编制一个生产技术规程，也可按生产环节编制多个生产技术规程，但不宜拆分过细。

③制定标准操作规程文件。企业应当根据实际情况，在技术规程基础上，制定标准操作规程用于指导具体生产操作活动，如批的确定、设备操作、维护与清洁、环境控制、储存养护、取样和检验等。企业应当制定质量检验规程，对自己繁育并在生产基地使用的种子种苗或其他繁殖材料、生产的中药材实行按批检验。企业应当建立标准操作规程，规定投诉登记、评价、调查和处理的程序；规定因中药材缺陷发生投诉时所采取的措施，包括从市场召回中药材等。企业应当开展人员培训工作，制订培训计划、建立培训档案。中药材生产基地一般应当选址于道地产区，在非道地产区选址，应当提供充分文献或者科学数据证明其适宜性。如需使用非传统习惯使用的种间嫁接材料、诱变品种（包括物理、化学、太空诱变等）和其他生物技术选育品种等，企业应当提供充分的风险评估和实验数据证明新品种安全、有效和质量可控。企业应当制订内审计划，对质量管理、机构与人员、设施设备与工具、生产基地、种子种苗或其他繁殖材料、种植与养殖、采收与产地加工、包装放行与储运、文件、质量检验等项目进行检查。

3."做我所写"的要点

"做我所写"就是按照确定的目标及制定的文件规程措施建设中药材GAP基地。一些主要环节和相应要点如下：

（1）明确生产批。企业应当明确中药材生产批次，保证每批中药材质量的一致性和可追溯。

（2）管理与培训人员。企业按照中药材GAP"六统一"的要求，对基本生产单元的一线生产操作人员强化培训，确保"六统一"得以良好实施。开展人员培训工作，制订培训计划、建立培训档案，对直接从事中药材生产活动的人员应当培训至基本掌握中药材的生长发育习性、对环境条件的要求，以及田间管理或者饲养管理、肥料和农药或者饲料和兽药使用、采收、产地加工、储存养护等的基本要求。企业应当对管理和生产人员的健康进行管理，患有可能污染药材疾病的人员不得直接从事养殖、产地加工、包装等工作，无关人员不得进入中药材养殖控制区域，如确需进入，应当确认个人健康状况无污染风险。

（3）准备、使用、管理设施、设备与工具。存放农药、肥料和种子种苗，兽药、饲料和饲料添加剂等的设施"能够保持存放物品质量稳定和安全"；分散或者集中加工的产地加工设施"均应当卫生、不污染中药材，达到质量控制的基本要求"；储存中药材的仓库"应当符合储存条件要求；根据需要建设控温、避光、通风、防潮和防虫、防鼠禽畜等设施"；质量检验室功能布局"应当满足中药材的检验条件要求，应当设置检验、仪器、标本、留样等工作室（柜）"；生产设备、工具的选用与配置"应当符合预定用途，便于操作、清洁、维护"，肥料、农药施用的设备、工具"使用前应仔细检查，使用后及时清洁"；采收和清洁、干燥及特殊加工设备等"不得对中药材质量产生不利影响"；大型生产设备"应当有明显的状态标识，应当建立维护保养制度"。

（4）准备与规范使用种子种苗或其他繁殖材料。企业"在一个中药材生产基地应当只使用一种经鉴定符合要求的物种，防止与其他种质混杂。优先采用经国家有关部门鉴定，性状整齐、稳定、优良的选育新品种"；应当鉴定每批外购种子种苗或其他繁殖材料的基原和种质，确保与种子种苗或其他繁殖材料的要求相一致，自行留种的可免于鉴定；"应当使用产地明确、固定的种子种苗或其他繁殖材料；鼓励企业建设良种繁育基地，繁殖地块应有相应的隔离措施，防止自然杂交"；种子种苗或其他繁殖材料基地规模"应当与中药材生产基地规模相匹配；种子种苗或其他繁殖材料应当由供应商或者企业检测达到质量标准后，方可使用"；从县域之外调运种子种苗或其他繁殖材料"应当按国家要求实施检疫"；用作繁殖材料的药用动物"应当按国家要求实施检疫，引种后进行一定时间的隔离、观察"；"应当采用适宜条件进行种子种苗或其他繁殖材料的运输、储存；禁止使用运输、储存后质量不合格的种子种苗或其他繁殖材料"；"应当按药用动物生长发育习性进行药用动物繁殖材料引进；捕捉和运输时应当遵循国家相关技术规定，减免药用动物机体损伤和应激反应"。

（5）按生产技术规程种植或养殖。企业"应当按照制定的技术规程有序开展中药材种植，根据气候变化、药用植物生长、病虫草害等情况，及时采取措施"；"应当按照制定的技术规程，根据药用动物生长、疾病发生等情况，及时实施养殖措施"。

（6）定期内审。企业"应当定期组织对本规范实施情况的内审，对影响中药材质量的关键数据定期进行趋势分析和风险评估，确认是否符合本规范要求，采取必要改进措施"。

（7）按制度和操作规程处理投诉、退货和召回。企业"应当指定专人负责组织协调召回工作，确保召回工作有效实施"；"因质量原因退货或者召回的中药材，应当清晰标识，由质量部门评估，记录处理结果；存在质量问题和安全隐患的，不得再作为中药材销售"。

4."记我所做"的要点

记录是文件体系内容的一部分，也是实现可追溯的关键。记录可分为三类，第一类为人员管理记录，如人员培训、考勤记录等；第二类为生产管理记录，如农药施用记录、采收记录等；第三类为质量管理记录，如检验报告、内审报告等。

中药材GAP对记录有明确要求，主要要求记录的内容如下：

（1）产地地址"应当明确至乡级行政区划；每个种植地块或者养殖场所都应当有明确记载和边界定位"。

（2）企业应当根据影响中药材质量的关键环节，结合管理实际，"明确生产记录要求""按生产单元进行记录，覆盖生产过程的主要环节，附必要照片或者图像，保证可追溯"。

（3）药用植物种植主要记录包括种子种苗来源及鉴定，种子处理，播种或移栽、定植时间及面积；肥料种类、施用时间、施用量、施用方法；重大病虫草害等的发生时间、为害程度，施用农药名称、来源、施用量、施用时间、方法和施用人等；灌溉时间、方法及灌水量；重大气候灾害发生时间、危害情况；主要物候期。

（4）药用动物养殖主要记录包括繁殖材料及鉴定；饲养起始时间；疾病预防措施，疾病发生时间、程度及治疗方法；饲料种类及饲喂量。

（5）采收加工主要记录包括采收时间及方法；临时存放措施及时间；拣选及去除非药用部位方式；清洗时间；干燥方法和温度；特殊加工手段等关键因素。包装及储运记录包括包装时间；入库时间；库温度、湿度；除虫除霉时间及方法；出库时间及去向；运输条件等。

（6）其他记录有"应当执行中药材放行制度，对每批药材进行质量评价，审核生产、检验等相关记录；由质量管理负责人签名批准放行，确保每批中药材生产、检验符合标准和技术规程要求；不合格药材应当单独处理，并有记录"；"应当有产品发运的记录，可追查每批产品销售情况；防止发运过程中的破损、混淆和差错等"；"内审应当有记录和内审报告；针对影响中药材质量的重大偏差，提出必要的纠正和预防措施"；"投诉调查和处理应当有记录，并注明所调查批次中药材的信息"；"应当有召回记录，并有最终报告；报告应对产品发运数量、已召回数量以及数量平衡情况予以说明"。

（四）中药材GAP监管方式

国家鼓励中药生产企业优先使用中药材GAP要求的中药材，因此使用GAP中药材是企业自觉行为。药品批准证明文件等有明确要求的，中药生产企业应当按照规定使用符合中药材GAP要求的中药材。除此之外，均是企业自我实行中药材GAP，再按照"中药药品标识＋延伸检查制"监管，即企业在自己的药品标识上宣称使用GAP药材为原料，再由省级药品监督管理部门对企业实施"延伸检查"（图5-3）。

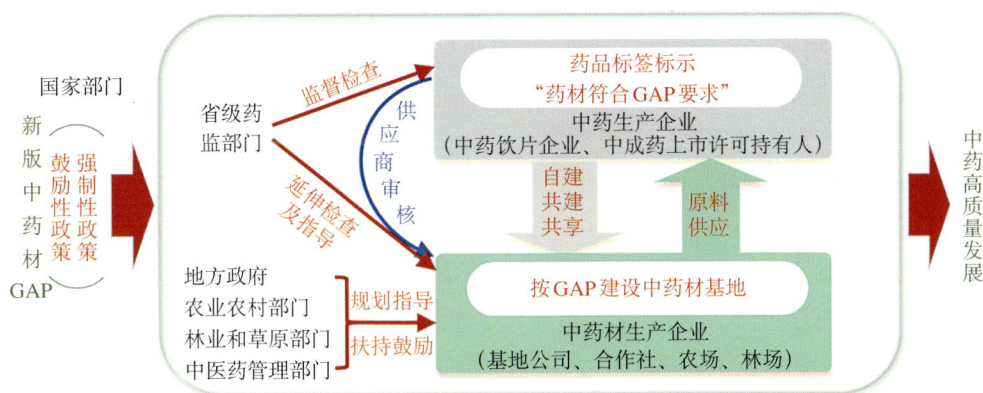

图5-3　基于"延伸检查"实施中药材GAP各方职责

中药药品"药材符合GAP要求"的标示：中药生产企业可以参照药品标签管理的相关规定，在处方成分均符合本规范要求的药品标签适当位置标示"药材符合GAP要求"，中药生产企业可以在相应饮片、配方颗粒的包装上标示"药材符合GAP要求"；如果中药复方制剂所有处方成分均来自中药材GAP基地，也可标示；如果只有部分处方成分来自中药材GAP基地，尚不能标示。药品标签标示"药材符合GAP要求"，可将其产品与其他企业的同类产品区分，成为质量和品牌的象征。相关中药生产企业应当依法开展供应商审核，按照中药材GAP要求进行审核检查，保证符合要求，并可向省级药监部门申请符合性检查。

"延伸检查"：一是省级药品监督管理部门必要时对相应的中药材生产企业开展延伸检查，重点检查是否符合本规范。发现不符合的，应当依法严厉查处，责令中药材生产企业限期改正、取消标示等，并公开相应的中药材生产企业及其中药材品种，通报中药材产地人民政府；二是药品监督管理部门对相应的中药材生产企业开展延伸检查，做好药用要求、产地加工、质量检验等指导。延伸检查的对象是药品标示了"药材符合GAP要求"的中药材生产企业。延伸检查的主要目的是检查中药材生产企业及其基地的管理是否符合中药材GAP的要求。

中药生产企业需接受药品监督管理部门的监督检查，药品如标示了"药材符合GAP要求"，需要对相应的中药材生产企业进行"供应商审核"，保证符合要求，同时积极协助药品监督管理部门开展延伸检查。国家鼓励中药材生产企业采取各种方式自建、共建、共享中药材GAP基地。

（五）黄精实施GAP的基础

黄精作为药食同源药材，备受人们重视，产业发展潜力巨大。近年来，高质量黄精产品开发日趋成熟，越来越多地方政府将黄精产业列为区域性发展重点，"中国黄精之乡"和黄精"地理标志产品"等区域品牌不断涌现。黄精作为新兴林粮，适合林下发展，"藏粮于林下"更好地落实"藏粮于地、藏粮于技"，符合新时代国家战略，顺应国务院办公厅《关于坚决制止耕地"非农化"行为的通知》（国办发〔2020〕24号）、《关于防止耕地"非粮化"稳定粮食生产的意见》（国办发〔2020〕44号）和《关于科学利用林地资源 促进木本粮油和林下经济高质量发展的意见》（发改农经〔2020〕1753号）等要求。

目前黄精GAP基地建设技术储备充分、条件良好。LY/T 2762—2024《黄精》国家林业行业标准发布，《黄精》《林下经济学》等专著出版，以及一批高水平论文发表，为产业发展提供了科学理论依据与技术，各地选育了一批黄精优良品种或优良种质，种苗繁育、栽培技术基本成熟，并成功建立了林下栽培、山地种植等模式，黄精GAP生产全过程具备了良好基础（图5-4），各地创建了一批高质量高产高效的种植与加工基地，全国形成了一批示范样板县，黄精产业国家创新联盟等队伍力量不断壮大，产业技术支撑力量不断增强。

二、黄精植物种与区划

2020年版《中国药典》收载黄精药材为百合科植物滇黄精（*Polygonatum kingianum* Coll.et Hemsl.）、黄精（亦称鸡头黄精，*P. sibiricum* Red.）或多花黄精（*P. cyrtonema* Hua）的干燥根茎。

（一）多花黄精

根状茎肥厚，通常连珠状或结节成块，少有近圆柱形，直径1～5cm。茎高50～100cm，通常具10～15枚叶。叶互生，椭圆形、卵状披针形至矩圆状披针形，少有稍作镰状弯曲，长10～18cm，宽2～7cm，先端尖至渐尖。花序具（1～）

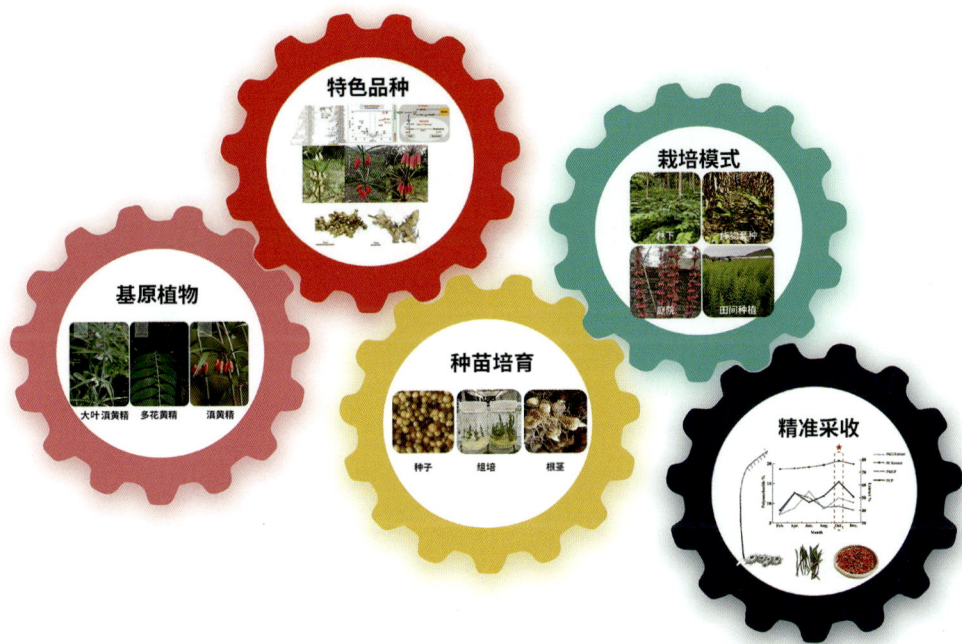

图5-4 黄精GAP栽培关键技术环节

2 ~ 7（~ 14）花，伞形，总花梗长1 ~ 4（~ 6）cm，花梗长0.5 ~ 1.5（~ 3）cm；苞片微小，位于花梗中部以下，或不存在；花被黄绿色，全长18 ~ 25mm，裂片长约3mm；花丝长3 ~ 4mm，两侧扁或稍扁，具乳头状突起至具短绵毛，顶端稍膨大乃至具囊状突起，花药长3.5 ~ 4mm；子房长3 ~ 6mm，花柱长12 ~ 15mm。浆果黑色，直径约7mm，具3 ~ 9颗种子。花期5 ~ 6月，果期8 ~ 10月（图5-5）。

产浙江、福建、江西、安徽、湖南、重庆、贵州、湖北、四川、河南（南部和西部）、江苏（南部）、广东（中部和北部）、广西（北部）。生林下、灌丛或山坡阴处，海拔200 ~ 2 100m。

本种形态变异较大，在叶片大小、形态，花果梗粗细、长短，以及根状茎形态、长短、大小等方面均有很大不同（图5-6），也存在地理差异以及适应性差别。如窄叶类

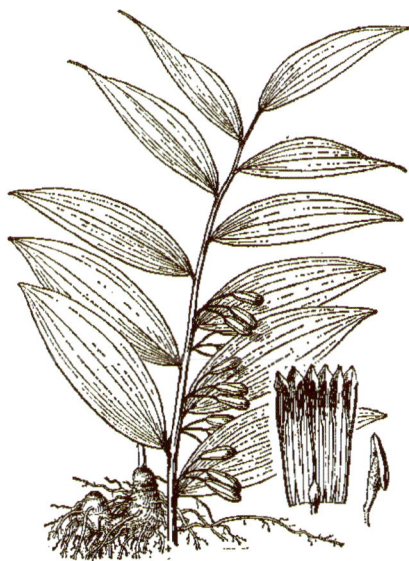

图5-5 多花黄精

（引自《中国植物志》）

145

图5-6　多花黄精形态变异

A.窄叶与宽叶两种类型对比　B.短粗花梗　C.较短花梗　D.长花梗　E.短圆形根状茎
F.粗壮肥大根状茎　G.卵圆形根状茎　H、I.长条形根状茎

型比宽叶类型更适应强光和高温。根状茎通常在分布的北缘节间长、东南缘节间短；形态上变异很大。在江西修水、安徽金寨、湖南新化有一些植株特别高大、总状花序、根状茎也肥大的变异类型，它们是否为同一个分类群，还需要深入研究来确定。

（二）鸡头黄精

根状茎圆柱状，由于结节膨大，因此"节间"一头粗、一头细，在粗的一头有短分枝（《中药志》称这种根状茎类型所制成的药材为鸡头黄精），直径1～2cm。茎高50～90cm，或可在1m以上，有时呈攀缘状。叶轮生，每轮4～6枚，条状披针形，长8～15cm，宽（4～）6～16mm，先端拳卷或弯曲成钩。花序通常具2～4朵花，似成伞形状，总花梗长1～2cm，花梗长（2.5～）4～10mm，俯垂；苞片位于花梗基部，膜质，钻形或条状披针形，长3～5mm，具1脉；花被乳白色至淡黄色，全长9～12mm，花被筒中部稍缢缩，裂片长约4mm；花丝长0.5～1mm，花药长2～3mm；子房长约3mm，花柱长5～7mm。浆果直径7～10mm，黑色，具4～7颗种子。花期5～6月，果期8～9月（图5-7）。

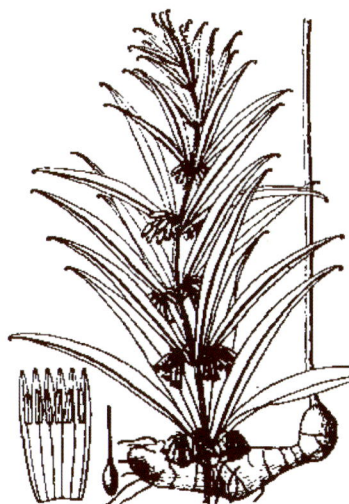

图5-7 鸡头黄精

（引自《中国植物志》）

产黑龙江、吉林、辽宁、河北、山西、陕西、内蒙古、宁夏、甘肃（东部）、河南、山东、安徽（东部）、浙江（西北部）。生林下、灌丛或山坡阴处，海拔800～2 800m。朝鲜、蒙古和苏联西伯利亚东部地区也有。

（三）滇黄精

根状茎近圆柱形或近连珠状，结节有时作不规则菱状，肥厚，直径1～7cm。茎高1～3m，顶端作攀缘状。叶轮生，每轮3～10枚，条形、条状披针形或披针形，长6～20(～25)cm，宽3～30mm，先端拳卷。花序具（1～）2～4(～6)花，总花梗下垂，长1～2cm，花梗长0.5～1.5cm，苞片膜质，微小，通常位于花梗下部；花被粉红色，长18～25mm，裂片长3～5mm；花丝长3～5mm，丝状或两侧扁，花药长4～6mm；子房长4～6mm，花柱长（8～）10～14mm。浆果红色，直径1～1.5cm，具7～12颗种子。花期3～5月，果期9～10月（图5-8）。

图5-8　滇黄精

A.植株形态（引自《中国植物志》）　B～D.滇黄精花色变化

产云南、四川、重庆、贵州。生林下、灌丛或阴湿草坡，有时生岩石上，海拔700～3 600m。越南、缅甸也有分布。

本种变异相当大，在我国标本中，花丝可由短而扁至长而成丝状，但这种变异与其他性状的分化和地理分布均无关联，因而不足以作为区分种的特征。据文献记载，越南标本的花柱可短至6mm。在我国云南大理、禄丰一带，有一类型，其植株较矮小，高仅60cm，花序具1～2花，仅生于下部叶腋间，花被白色，曾被命名为小黄精 *P. uncinatum* Diels（in Notes Bot. Gard. Edinb. 5: 297. 1912）。在四川、重庆和湖北西部，另有一类型，其植株亦高大，但其花为淡黄色或绿白色，苞片均位于花梗基部，在四川、重庆有大量栽培，称为猫儿姜或猪肾草，它们是否都值得作为一个分类群而独立，需要今后观察更多的标本并结合现代分类手段而决定。这一类型虽然其药材基原归属滇黄精，但其生物学特性有一定的差异，并有大量栽培，故作大叶滇黄精专题介绍。

（四）大叶滇黄精

《四川植物志》（1981年）首载大叶滇黄精，将其列为滇黄精变种（*P. kingianum* var. *grandifolium* D. M. Liu et W. Z. Zeng），并明确记载其根状茎为中药黄精的主要来源之一。《中国植物志》（1978年）中文版中滇黄精下记载："在四川和湖北西部，另有一类型，其植株亦高大，但其花为淡黄色或绿白色，苞片均位于花梗基部，在峨眉山一带有栽培，称为猫儿姜或猪肾草。它们是否都值得作为一个分类群而独立，需要今后观察更多的标本而决定。"这一类型指的就是大叶滇黄精。《中国植物志》英文版 *Flora of China*（2000年）没有单独列出 *P. kingianum* var. *grandifolium*，仍然将其归属于滇黄精植物种下。因此，作为药食同源物质，它属于滇黄精。但大叶滇黄精与滇黄精相比，具有生物产量大、适应性强、口感佳等优点，在四川、重庆、湖北等地大量栽培，故将其单独介绍。

1.生物学特性

黄精属植物由于种子种胚发育状况、种子结构、内源抑制物等内外源因素影响均需要历经休眠才能萌发。成熟黄精种子的胚呈棒状，尚未发育完全，同时种子萌发所需植物激素等有机物的转化未完成，因此需在适宜条件下完成器官分化（形态休眠）和生理后熟（生理休眠）才能萌发。而且，黄精种子的胚乳细胞小、细胞质浓厚、胞间隙小、排列致密、机械强度大，导致种子通透性差，吸水速率慢，进而影响种子萌发，延长休眠期（种壳休眠）。另外，胚乳和种皮均存在活性较高的ABA等内源抑制物质，因此刚采摘的黄精种子可以通过层积、植物生长调节剂处理、机械破坏种壳等方式破除种子休眠。黄精种子萌发以后，主根伸出并在基部形成小根状茎，积累由种子转移出来的营养物质，然后在小根状茎上长出数条不定根并形成新芽，黄精属多数物种随即又进入芽休眠状态，翌年才能出土，而大叶滇黄精在25℃下60～90d打破休眠，萌芽后立即出土，形成新苗。

黄精属植物通常3～4月根状茎发芽形成新秆，到9月地上茎秆枯死，而大叶滇黄精俗称不倒苗黄精，是至今发现唯一四季常绿的黄精。但并非真正的不倒苗，而是其一年发芽两次以上，春天与其他黄精一样，发芽、形成新秆，9～11月茎秆枯死，但在其春天萌发的茎秆枯死前，根状茎（多数在8～10月）能再次萌发新芽，并在翌年新芽萌发后才会枯死，周而复始，始终保持常绿状态，给人不倒秆的错觉。每次发芽后均能正常开花，但仅春季开花能正常结果，11月果熟。大叶滇黄精四季常绿，使其比其他黄精增加大量的光合作用时间，从而获得更高的生物量。

大叶滇黄精发育过程的叶序和叶形变化特别大，最初的幼苗仅具有1枚椭圆形的叶片（长4～8cm，宽2～3cm），后来形成互生披针形、对生披针形，长成的植株其叶可全部为互生或兼有对生，也可以绝大多数为多叶轮生或近轮生，每轮3～6枚，栽培环境下可达10枚，而上部和下部的叶片通常互生、对生或近对生，条状披针形或披针形，长5.0～20.0（～27.0）cm，宽5.0～25.0（～32.0）mm，先端通常强烈卷曲（图5-9）。从上述大叶滇黄精性状表明，黄精属划分为三个类群显然并不很合适。

此外，在自然生长群体中，还发现两个生物特性差异明显的群体，一个植株较矮，植株高度1m以下，叶多为互生或兼有对生，根状茎较细；另一个植株高度1m以上，高的可超过3.5m，叶片极大，多数为多叶轮生，根状茎明显粗大，对光适应性更强，露地栽培能够正常生长。经流式细胞仪分析，两者的倍性存在明显差异，参照二倍体多花黄精，前者可能是二倍体，后者为多倍体或异倍体（图5-10）。

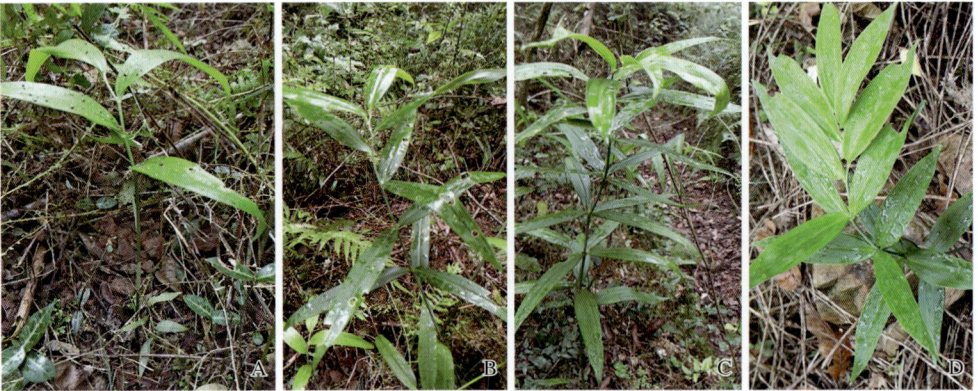

图5-9　野生大叶滇黄精叶序生长多态性

A.二年生互生叶　B.二至三年生对生叶和轮生叶　C、D.成年期互生叶和轮生叶

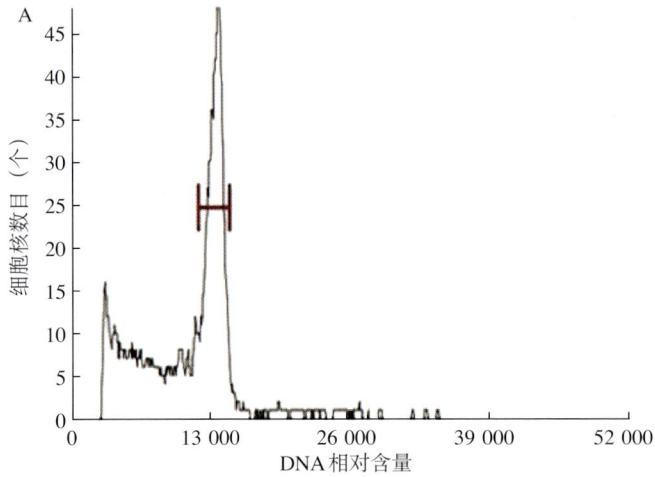

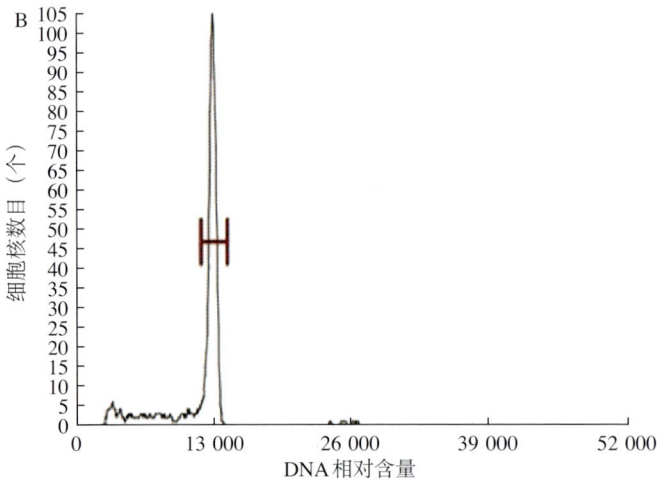

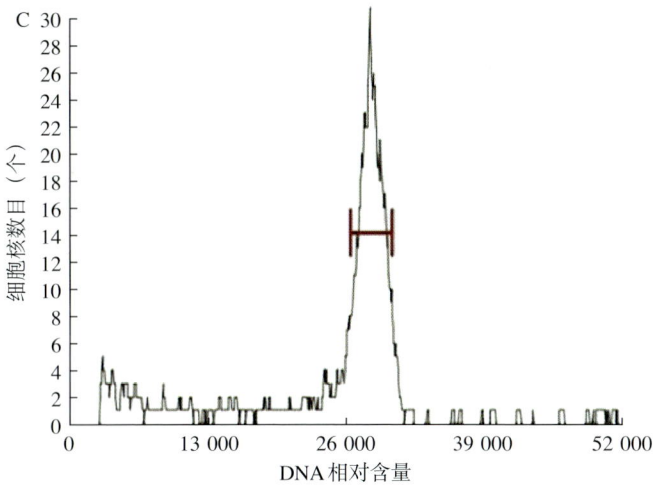

图5-10　黄精倍性测定分析

A.多花黄精（2n）　B.大叶滇黄精（2n）　C.大叶滇黄精（4n）　D.不同倍性大叶滇黄精根茎代表

2.自然分布与人工栽培

《四川植物志》和相关文献报道，大叶滇黄精自然分布于四川彭县、大邑、邛崃、峨眉、都江堰、名山、雅安，重庆巫山、秀山、南川等海拔600～1 200m的林缘、林下或灌丛中。实地资源调查发现，湖北恩施、宣恩、长阳，贵州梓桐，四川筠连、南充，湖南古丈、永顺、保靖等海拔600～1 200m的四川盆地向云贵高原过渡带均有自然分布。

大叶滇黄精繁殖与其他黄精一样，可以通过种子繁殖、根茎繁殖和组织培养繁殖。种子繁殖苗圃地选择、播种、覆盖等技术与其他黄精类似，而管理技术存在明显区别，其他多数黄精的种子萌发以后翌年才能出土，而大叶滇黄精萌芽后立即出土，可一年形成新苗，育苗周期比多花黄精至少短2年。根茎繁殖技术与其他黄精相同。组培技术用根茎芽为外植体，先用0.5g/L多菌灵溶液预处理12h消毒，再用0.2% $HgCl_2$灭菌6min+6min，初代培养基为MS+6-BA 0.5mg/L+NAA 0.5mg/L，不定芽分化培养基为MS+6-BA 3.0mg/L+NAA 0.2mg/L，壮苗培养基为MS+6-BA 1.5mg/L+2, 4-D 0.5mg/L+GA_3 0.5mg/L，生根培养基为1/2 MS + NAA 1.0mg/L + IBA 0.2mg/L +AC（活性炭）0.2g/L，不定芽诱导率、生根率分别可达433%和89%。

　　大叶滇黄精因其四季常绿、生物量大、口感佳、光响应范围广，是四川、重庆、湖北、贵州自然分布区的主栽品种，可在郁闭度50%左右的各种用材林、经济林下大面积种植，在露地上也能良好生长（图5-11），高效种植第5年采收，每667m^2产量可在5 000kg以上，在浙江农林大学种质资源圃种植4年，与多花黄精初步比较，其产量增加1倍以上；适时采收其多糖、浸出物指标完全符合2020年版《中国药典》要求，目前产量约占全国总产量的25%。云南、江西、浙江、福建、安徽、山东、北京等地也广泛引种栽培，但山东、北京设施栽培才能安全越冬，其他亚热带地区海拔800m以上也易发生冻害。

图5-11　大叶滇黄精栽培模式

A.林下栽培　B.露地栽培

三、黄精栽培关键技术

（一）栽培地选择

黄精耐寒、耐阴、喜湿、怕旱、怕涝，生境选择性强，在排水保水性能良好的肥沃沙质壤土中生长良好，重黏土、盐碱地、低洼地和过于干旱地块均不宜种植。黄精野生多在山区的林下、灌丛或山坡阴处，喜生于土层深厚、土壤肥沃、表层水分充足、有荫蔽而上层透光且光照充足的林缘、灌丛或谷地、阴坡。黄精种植选择偏山区温暖而凉爽湿润气候下的旱地、山地，宜腐殖质深厚的林下坡地或山谷。宜选择质地疏松、透水性强的肥沃沙质壤土，不宜连作。林下栽植的上层林木郁闭度宜50%左右，山地栽植透光率宜40%～60%，海拔高、纬度高、坡度大、阴坡的透光率适当增加，海拔低、纬度低、坡度小、阳坡的透光率适当降低。鸡头黄精在北纬40°以北可露地种植。

黄精种植应选择在生态条件好的地区，周围5km内没有对产地环境可能造成污染的污染源，离公路、铁路等交通干线1km以上，空气应符合GB 3095的要求，土壤应符合GB 15618的要求，灌溉水质应符合GB 5084的要求。

1. 林下种植

根据《全国林下经济发展指南（2021）》，我国现有的林地有三种类型：优先利用的林地、限制利用的林地和禁止利用的林地。林下种植应符合林地利用类型的要求，不改变林地的用途。

（1）优先利用的林地。黄精林下栽培应优先利用经济林地与国储林地，在维持森林生态系统健康稳定的前提下，可适度规模化、集约化开展黄精林下种植。应科学合理设置必要措施，防止加剧或造成新的水土流失。在国有林地范围开展黄精种植，应当符合已有的森林经营方案。

（2）限制利用的林地。黄精林下种植限制在以下林地内开展：自然保护地一般控制区内的林地；除国家一级公益林外的其他公益林；除划定为天然林重点保护区域外的其他天然林；饮用水水源准保护区范围内的林地。

在限制利用的林地内开展林下黄精种植的，禁止进行全面林地清理，只能进行小块或穴状整地，禁止施用化学肥料和化学农药。在除国家一级公益林外的其他公益林内，在符合公益林生态区位保护要求、不破坏森林植被、不影响整体森林生态功能发挥的前提下，经科学评估论证，可适度发展林下黄精种植。在除划定为天然林重点保护区域外的其他天然林地内，在不破坏地表植被、不影响生物多样性保护的前提下，经科学评估论证，适度发展林下黄精种植。在自然保护地一般控制区内发展林下黄精种植，应严格遵守自然保护地管理的法律法规及政策。在饮用水水源准保护区范围内的林地开展林下黄精种植，应严格遵守饮用水水源保护区管理的法律法规及政策，不造成新的水源环境污染。

（3）禁止利用的林地。黄精林下种植禁止在以下林地内开展：自然保护地核心保护区内的林地；国家一级公益林、林地保护等级为Ⅰ级的林地；划定的天然林重点保护区域内的林地；饮用水水源一级、二级保护区范围内的林地；珍稀濒危野生动植物重要生境及生物廊道内的林地。

　　林地可选择乔木林、果木经济林或幼龄林等各种林分，林木郁闭度调整至50%左右，海拔高、纬度高、坡度大、阴坡的透光率适当增加，海拔低、纬度低、坡度小、阳坡的透光率适当降低。如多花黄精适合落叶阔叶林（图5-12A）、常绿阔叶林（图5-12B）、杉木林（图5-12C）、天然阔叶林（图5-12D）、松树林（图5-12E）林下种植，林缘种植无须遮阳（图5-12F），毛竹林要尽量清除竹鞭（图5-12G），在毛竹林的林缘与林内生长差异大（图5-12H），不宜在樟树林（图5-12I）、桉树林、柳杉林等林下种植。

2. 山地种植

　　黄精是耐阴植物，怕旱、怕热，怕强阳光连续照射，若遇强阳光连续照射和干旱，会出现减产或死苗，因此，高温季节要采取遮阳措施。在海拔较高、气候温和的地区，以及在山区或较高纬度等其他气候凉爽区域，黄精适合露地种植，不需要遮阳。山地种植主要有旱地、荒田、荒坡等类型。

　　为防止夏季阳光暴晒高温干旱，通常通过套种间作为黄精遮阳，宜选择玉

图5-12 不同林下种植多花黄精生长情况

A.南酸枣 B.杜英 C.杉木 D.天然阔叶林 E.松树 F.林缘地
G.毛竹林行间开挖条带清理竹鞭 H.毛竹林 I.樟树林

米、黄蜀葵等高秆作物或搭棚架的栝楼之类，既提供黄精需要的遮阳条件，还能增加收入。应注意间作套种一定要适时，能够在高温强阳光季节起到遮阳作用。还要注意间作套种距离的影响，如玉米与黄精的行距应适当，太近容易争夺土壤养分，影响黄精的产量，太远不利于遮阳。

（二）物种选择与区划

1.种质选择

黄精属物种多样，分类复杂，变异性大，黄精栽培首先必须选择合适的物种。作为药食同源物质种植应符合国家规定种类，即多花黄精、鸡头黄精和滇黄精及其变种大叶滇黄精共3种1变种。通常，长江流域及其以南适合栽培多花黄精和大叶滇黄精，其中大叶滇黄精应注意防冻，分布线与柑橘相当；云南和四川、重庆、贵州的海拔1 400m以上山地适合栽培滇黄精和多花黄精，海拔1 400m以下山地适合栽培大叶滇黄精；黄河、淮河流域及其以北区域适合栽培鸡头黄精。其他地方习用品种或纳入地方药材标准品种仅当地入药或食用，不建议作为广泛栽培种的来源。

2.选择优良品种类型

在不同区域进行黄精种植时，选择正确的种类后，还要注意选择优良品种类型。多花黄精、鸡头黄精和滇黄精3个物种及变种均存在非常多的自然变异，具有重要利用价值。如多花黄精根茎有粗长、短圆等表型，在叶片上有宽叶与窄叶形状，花果梗有粗短与细长区别。浙江农林大学对全国多花黄精进行的种源试验结果表明，多花黄精种源间差异明显，选择优良种源栽培可以获得巨大的产量与质量增益。大叶滇黄精有矮秆二倍体和高秆多倍体、异倍体；滇黄精变异相当大，应选择优良种源或良种。利用黄精自然变异多样性，根据不同环境条件可以选择出适宜的品种类型，并进一步选育良种。目前一些省份审定或认定了一批黄精良种，如安徽省将黄精列入非主要农作物品种登记范畴，并选育出了一批黄精良种，在生产上得到良好推广应用；云南省已经育成一批滇黄精优良品种。目前尚未将黄精列入官方品种登记范围的地区，不少机构或企业也开展了本地黄精良种选育利用。黄精优良品种、种源、类型等的选育与组培繁育相结合，将有效从品种基础性上提高黄精的产量与品质潜力。

（三）种苗繁育

1.种子育苗

（1）多花黄精种子育苗（鸡头黄精、滇黄精类似）。选择生长4年以上，进入盛果期并且生长健壮的植株，每年10月前后，果实成熟、果皮柔软变色时采集（鸡头黄精、多花黄精通常变黑色，滇黄精、大叶滇黄精通常变黄色）。采集的果实经堆沤去果皮和果肉，用清水冲洗干净后保存。

可秋季种子采收后立即播种，但建议温室或地窖沙藏催芽，至第二年春季种子露白后将种子连沙子播种，每667m^{2}播5～10kg种子，条播或撒播，播种深度3cm为宜。播种后再用松针、稻壳或木屑等覆盖，注意拔草和灌溉（图5-13）。播种苗块茎达到直径2～3cm，带芽根茎长度5cm以上为1级苗，3～5cm为2级苗，3cm以下为不合格苗。不合格苗可继续培育。多花黄精播种育苗通常需要4年。

（2）大叶滇黄精播种一年成苗技术。最新研究结果表明，大叶滇黄精种子无须低温沙藏打破休眠，25℃恒温培养60d种子发芽率可在80%以上，60℃浸种可有效加快大叶滇黄精种子萌发。基于种子萌发条件，结合实际生产中的设施能力，集成大叶滇黄精种子一年成苗技术：

①种子准备。选择生长3年以上健壮植株，10～12月采摘大而饱满的橙黄色浆果。取出种子，洗净阴干，做好防腐处理。

图5-13　多花黄精种子苗

A.播种苗第2年　B.播种苗第3年

②恒温催芽。新收获的种子置于60℃温水中浸种，待温水自然冷却后将大叶滇黄精种子与湿沙或浸透的椰糠以体积比1∶3混合，置于泡沫箱中25℃避光培养，约2个月待种子生根达到根长约2cm时进行苗床撒种。

③育苗设施。宜选用标准薄膜大棚，透光率50％左右，配备喷灌设施，棚四周薄膜可收放。

④苗床准备。大棚内每667m²施50～70kg生石灰对土壤消毒，深耕翻土30cm，耙细整平，做成高约20cm、宽约1.2m的苗床；上面再覆盖约20cm厚的发酵腐殖土。

⑤种子播种。4～5月将完成催芽的种子连同基质一起均匀铺在苗床上，再覆盖约2cm厚的一层透气性良好的沙壤土或者腐殖土。

⑥苗期管理。注意夏季通风，防止高温；适时补水，保持土壤湿润；及时人工清除杂草，待叶面展开时喷施叶面肥。

根据上述规范，大叶滇黄精种子可在收获当年年底催芽，翌年年底或第三年3月即可向外提供种苗（图5-14）。

图5-14 大叶滇黄精播种一年成苗过程
A. 2022年4月 B. 2022年6月 C. 2022年7月 D. 2022年8月 E. 2022年9月
F. 2022年10月 G. 2022年11月 H. 2023年3月 I. 2023年5月

2.根茎育苗

宜选用2节带芽根茎，播种深度5cm为宜，每667m²用种量5万个，育苗1年后出圃（图5-15）。

以疏松透气的沙壤土或含腐殖质较多的壤土进行育苗。育苗地应选择排灌方便、背风、遮阳率60%的地块进行播种育苗。根据育苗地实际情况，每667m²施500～1 000kg草木灰或充分腐熟有机质，然后翻挖20cm深；将土壤细碎耙平

图5-15　多花黄精根茎苗

A.根茎苗的根状茎　B.圃地多花黄精根茎苗

后，依地势和水湿情况做宽120cm左右的平畦或高畦，畦向以早阳、晚阳为宜，避开中午直射光，并做宽30～40cm、深15cm的畦沟和围沟，沟间应相通，并有出水口以利排水。畦面行距12～15cm，沟深视根茎大小按5～10cm横向开沟，摆放时应尽量避免损害黄精的芽头，芽头需朝上。待种根茎摆放完毕，覆细土浇透水，畦面盖松针或树叶等生物质材料，以不露土为宜。

3.多花黄精组培育苗

以根茎为外植体，用组织培养方式培育小种根茎苗，每667m²移栽用种根茎量5万~8万个，移栽后2年出圃（图5-16）。

图5-16　多花黄精试管苗叶片组织培养及植株再生

A.叶片愈伤组织诱导30d　B.愈伤组织分化30d　C.丛芽增殖30d　D.丛苗生根30d
E.培养30d后根的形态　F.培养40d后根的形态　G.移栽成活的苗　H.多花黄精驯化苗
I.2年生组培苗　J.组培苗种植2年后的根茎

　　具体方法：采集优质带芽多花黄精根茎为初始外植体，经0.1%多菌灵浸泡48h后用0.15%氯化汞（10min）和2.5%（5min）次氯酸钠复合处理，用MS+6-BA 4.0mg/L+2,4-D 0.6 mg/L培养基诱导初代芽，将诱导出的初代芽去除叶片，一分为二纵切接种于不定芽分化培养基MS+6-BA 1.0mg/L+NAA 1.0 mg/L +TDZ（噻苯隆）1.0mg/L上培养40d；将分化出的小芽切成3～5芽/丛接种于芽增殖培养基MS+6-BA 4.0mg/L +NAA 0.5mg/L上培养。以30d叶龄的叶基为外植体，以MS+6-BA 1.5mg/L +2,4-D 0.2mg/L为愈伤组织诱导培养基，将优质愈伤组织转接到不定芽分化培养基MS+6-BA 4.0mg/L+2,4-D 0.2mg/L上培养30d，分化出的芽转接到MS+6-BA 2.0mg/L +NAA 0.1mg/L或MS+6-BA 2.0mg/L +NAA 0.2mg/L培养基上增殖，3芽/丛在生根培养基1/2MS+IBA 2.0mg/L上培养30d以上；当根长至1cm以上或叶片枯萎时，即可出瓶移栽。生根苗从组培瓶中小心取出，用清水洗净根部的培养基，用杀菌剂浸泡杀菌，然后置于阴凉处晾干表面的水分，移栽于腐殖土、专用营养土或小颗粒树皮基质中，适当遮阳驯化栽培，驯化2～3年后于冬季或早春出圃。

（四）林下栽培技术

1.林下整地

林下种植首先要适度间伐林木，将郁闭度调至50％左右，清除灌木、藤蔓和杂草，选择肥沃、腐殖质多的土地或施腐殖质肥改良土壤使栽植地疏松，不板结。适栽地每667m²撒施腐熟发酵好的有机肥2 000～3 000kg。不同林地翻耕整地要求不同，如杉木林、松树林、阔叶林的林地翻耕深度为20cm，整细耙平或依地形做畦即可；毛竹林要尽量清除竹鞭。林缘种植无须遮阳。整地开沟做垄畦应使栽植地排水通畅，通常宜顺坡向做种植垄畦，以防止雨季土壤过湿积水。垄畦宽宜1m以内，沟深25～30cm，步道宽约30cm。

2.种苗选择

组培苗和种子苗应选择优质苗；根茎种植宜选择带主芽、2节、8cm以上的根茎，单根茎重50g左右。

3.林下栽植时间与方法

鸡头黄精、多花黄精、滇黄精10月中旬至翌年2月出苗前均可栽植。大叶滇黄精除夏季外均可栽植。依据林地实际情况，挖穴或开沟种植。鸡头黄精、多花黄精株行距均为30～40cm；滇黄精、大叶滇黄精株行距均为40～60cm，立地条件好宜疏，立地条件差宜密。种植时茎痕朝上摆放在沟或穴内，覆土或腐熟有机肥至平，再以松针、碎草等生物质材料覆盖。

4.栽后管理

黄精长至8～10轮（对）叶时打顶，抑制地上部分高生长，可防止倒伏、改善通风条件。每年4～6月每月初进行1次拔草或锄草，宜浅锄，避免伤根。林木郁闭度低、坡度小的山地，6月中旬之后停止拔草，生草栽培，可有效防止黄精晒伤。适时排灌，雨季及时排涝，旱季及时浇水。

根据NY/T 496的要求施肥，林下栽植宜每年5～6月结合中耕除草追肥1次，每667m²施复合肥40kg或微生物菌肥100kg，将肥料撒施于种苗近茎秆的基部。黄精倒秆后于10月至11月中下旬结合除草施冬肥，每667m²撒施腐熟有机肥500～1 500kg和复合肥40kg或钙镁磷肥50kg，并将清理的草料覆盖在种植地上。

5.病虫害防治

黄精以根腐病和锈病两种病害危害最严重。

（1）根腐病。研究表明，尖孢镰刀菌（*Fusarium oxysporum*）、腐皮镰刀菌（*F. solani*）、藤仓镰刀菌（*F. fujikuroi*）以及刺盘孢属菌（*Colletotrichum* sp.）和拟茎点霉（*Phomopsis* sp.）等为引起黄精根腐病的致病菌。

症状表现：发病苗叶片发黄枯萎，根茎上有水渍状近圆形深褐色腐烂病斑。严重时整个根内部褐色、红褐色或黑色腐烂，植株死亡（图5-17）。当栽植带病的种茎时，栽植第一年即发病，有可能不发芽而块茎直接腐烂；土壤积水状况下，栽植第一年也发病，一般会发苗，5月左右叶片即出现发黄症状，根系生长不良，根茎出现病斑，甚至腐烂；只是土壤黏重、长期湿度偏大时，发病初期，植株叶片无明显症状，根部出现水渍状褐色坏死斑，后期发病严重时，根内部腐烂，叶片由外向内逐渐变黄，最后整株枯死。

图5-17　黄精根腐病症状

A.种根茎带病　B.带病种根茎栽后腐烂　C.积水地植株发黄枯萎
D.积水发生根腐病的根茎　E.土壤过湿栽植后2～3年发生根腐病

（2）锈病。锈病属真菌病害，主要为害叶片，初期在叶背或叶面产生黄褐色或淡黄色小点，后期病斑中央突起呈暗褐色，即夏孢子堆，周围有黄色晕圈，表皮破裂后散发出红褐色粉末状夏孢子，严重时整张叶片布满锈褐色病斑，然后叶片腐烂或枯萎凋落（图5-18）。通常锈病病菌具有转寄主特性，夏季危害黄精，秋冬转到桧柏类树木形成冬孢子；3～4月冬孢子萌发，最早4月可以在多花黄精叶片背面上看到锈病；环境通风不良、高温高湿利于锈病发生。

图5-18 黄精锈病不同发生阶段症状

A.4月下旬 B.5月上中旬 C.5月下旬 D.6月 E.7月 F.7～8月

（3）防治。黄精病虫害防治应贯彻"预防为主，综合防治"的植保方针。以农业防治为基础，提倡生物防治和物理防治，科学应用化学防治。

①农业防治。通过栽培措施促进黄精生长发育来增强抗病性，栽培地满足

黄精喜凉爽、透气、适度光照的条件要求。以排水良好、半阴半阳、腐殖质多的坡地为佳。整地时用石灰对土壤消毒，深沟高垄，施足腐熟基肥。选用抗性强的品种，挑选、存放与运输种根茎过程中注意防止损伤。以粗大健壮根茎做种，用草木灰（或多菌灵等杀菌剂）处理种茎断口。加强管理，雨季注意防止局部积水或过湿，及时排除田间积水，降低田间湿度；维持良好的通风和光照条件。高温干旱季节注意覆盖遮阳保湿降温，露地种植通过间作高秆作物提供季节性遮阳。发现病株立即拔除，集中烧毁或深埋，并撒石灰消毒。多施有机肥料，多施磷、钾肥，增强抗病性。

　　②物理防治。安装频振式杀虫灯，诱杀金龟子和地老虎等害虫。

　　③化学防治。把握病害发生规律，预防为主，未病先防，在易感染环节和季节提前防控，可使用保护性预防药物，如4～5月易感染病害阶段，用1∶1∶100波尔多液加新高脂膜喷施。倒苗后进行清园，喷施石硫合剂等消杀。病虫害发生初期采取积极治疗措施，防治可同时采取喷施氨基酸叶面肥加碧护（0.136%赤·吲乙·芸苔可湿性粉剂）等促进恢复生长措施。主要病虫害化学防治参考方法见表5-1。

表5-1　黄精常见病虫害化学防治参考方法

病虫害名称	防治时期	推荐防治方法	安全间隔期（d）
锈病	5～8月	秋冬季清园后全面喷施0.5～0.8波美度石硫合剂；在黄精出苗前再喷洒一次石硫合剂或三唑酮（粉锈宁）进行土壤消毒。发病初期及时摘除病叶带出，喷20%三唑酮乳油1 000倍液+40%氟硅唑乳油10 000倍液或25%戊唑醇2 000倍液	7～10
炭疽病	4～8月	发病初期用25%戊唑醇2 000倍液，或10%苯醚甲环唑1 500倍液，或50%多菌灵可湿性粉剂500倍液，或70%代森锰锌可湿性粉剂500倍液喷雾防治	7～10
叶斑病、叶枯病	5～8月	发病前和初期可喷1∶1∶100波尔多液，或80%代森锰锌可湿性粉剂400～600倍液，或10%苯醚甲环唑1 500～2 500倍液，或30%吡唑醚菌酯3 000倍液，喷雾2～3次，或每667m²用10亿芽孢/g解淀粉芽孢杆菌100～125g喷雾	7～10
根腐病	5～9月	注意排水，防止土壤湿度过大；移栽根茎用草木灰蘸切口；发病初期每667m²用30%精甲·嘧菌酯45～75mL灌根，也可用16%铜钙·多菌灵500～600倍液，或45%咪鲜胺水乳剂1 000倍液，或50%多菌灵可湿性粉剂500倍液，或1%申嗪霉素悬浮剂1 000倍液灌根，可交替使用	7

（续）

病虫害名称	防治时期	推荐防治方法	安全间隔期（d）
地老虎、蛴螬（金龟子幼虫）	5～8月	每667m²用0.5%噻虫胺颗粒剂3～5kg，沿黄精行开沟撒入；在幼虫期用噻虫胺悬乳剂灌根防治，在成虫期用黑光灯诱杀	7
螨虫（红蜘蛛）	5～10月	发病初期喷30%乙唑螨腈3 000～6 000倍液，或110 g/L乙螨唑悬浮剂5 000～6 000倍液，或73%炔螨特2 000～3 000倍液，或5%噻螨酮1 500～2 000倍液	7～10

（五）其他栽培模式

黄精在各种环境下的栽培管理技术具有很多共性，总体可以参考林下栽培技术；但是不同栽培模式也有其一些不同技术措施要求。

1.大棚栽培

大棚栽培黄精（图5-19）能够创造符合黄精生长发育需要的良好条件，包括采取遮阳与通风措施调控温度，采取避雨与喷雾措施调控湿度，应用栽培基质及施肥调控土壤的养分与氧气，以及方便采取多种综合防治病虫害的措施等集约化手段，因此管理方便，产量优势明显。缺点是大棚设施建设与维护成本高。

图5-19 多花黄精与大叶滇黄精大棚种植效果

A.多花黄精大棚栽培3年后 B.大叶滇黄精大棚栽培1年后

采取大棚栽培黄精的关键技术措施：一是注意设施维护，尤其是避雨与遮阳、通风功能维护正常，能够适时合理调控，以保持土壤与空气湿度合理；二是高温季节注意遮阳喷雾降温增湿；三是施入充足有机肥料或采取适宜基质栽培，适时进行水肥一体化喷灌，保障黄精生长所需养分；四是加强病虫害的农业防治、物理防治，减少或避免用药。采取基质栽培，可以通过更换基质达到解决大棚栽培连作障碍的问题。

大棚栽培黄精生长快，可以采取较稀的栽培密度种植，可以在更短的栽培年限采收。

2.露地纯园栽培

在一些夏季不会过于炎热的地区，如云南、贵州、四川、重庆等的高海拔地区栽培滇黄精或大叶滇黄精，山海关以北高纬度地区栽培黄精，以及南方较高海拔山区的林缘、山谷、山坡下部栽培多花黄精等时，通常可以采取露地纯园栽培模式（图5-20）。露地以纯黄精单一品种栽培，对栽培地环境温度的要求更加严格，夏季温度较低不会导致夏季倒苗的区域才适合采取这种模式。

图5-20　黄精露地栽培

A.江西多花黄精露地纯园栽培　B.辽宁鸡头黄精露地纯园栽培

露地纯园栽培模式优点：方便机械化操作，可密植，产量高。缺点：病虫草害更多，如地势平坦容易发生根腐病，遇到干旱或高温天气易过早倒苗影响生长；不能连作。

露地纯园栽培模式应注意的技术措施要点：栽后及时覆盖生物质材料等保湿防草；适时排灌，雨季及时排涝，防止积水，遇旱季及时浇水，保持田间湿润；高温季节宜采取遮阳降温增湿措施。

3.旱地套种栽培

一般的旱地农田栽培黄精，适合采取黄精与稍高秆作物套种模式（图5-21）。常见有玉米+黄精套种模式，旱地的果园、油茶林、药用林等也适合行间套种黄精，以及在农村四旁和蔬菜园地均可套种黄精，充分利用四旁边角零星旱地和蔬菜园地等是千家万户发展黄精种植的良好途径。

旱地套种栽培注意要为黄精创造适度遮阳降温增湿的阴凉条件，水肥使用上作物与黄精要相互促进，排灌适时，防止积水。旱地套种黄精模式能充分利用土地，管理相对方便，具有良好的边际带动效益。

图5-21　旱地黄精与作物间作套种
A.枳壳行间套种多花黄精　B.黄檗行间套种多花黄精
C.鸡头黄精与玉米套种　D.多花黄精与玉米套种

（六）采收与加工

1.采收

（1）根茎。宜种植后3～5年采收。鸡头黄精、多花黄精、滇黄精宜在秋季地上部分枯萎时至立春采收。大叶滇黄精宜坐果初期（约6月）或第二次开花前（约10月）采收。

（2）笔管菜（图5-22）。在黄精嫩芽展叶前，基部未木质化，茎高30cm左右时，用刀沿基部切断，采收整根嫩芽。

（3）嫩芽（图5-23）。在黄精展叶8～10对（轮）叶片时，采收顶芽及嫩叶。

（4）花（图5-24）。在黄精花裂片未完全打开时采收花朵。

2.初加工

应保证清洗、晾晒和干燥的环境、场地、设施和工具清洁无污染。加工用水应符合GB 5749的要求。

（1）根茎。鲜黄精洗净，晒干或烘干，或蒸汽蒸透后晒干或烘干，一般控制烘干温度不高于75℃。第一次烘至全部表面皱缩时，用滚揉机滚揉3～5min。

167

图5-22　黄精笔管菜

A.多花黄精笔管菜采摘适宜期　B.采摘下的多花黄精笔管菜

图5-23　黄精嫩芽菜

A.多花黄精嫩芽菜采摘适宜期　B.采摘下的多花黄精嫩芽菜

图5-24　黄精花

A.多花黄精花采摘适宜期　B.采摘下的多花黄精花

第二次入烘干室烘8～10h，再用滚揉机滚揉5～10min，第三次入烘干室烘干，如此反复至全干。

（2）笔管菜、嫩芽、花。洗净即做新鲜食材，或冷藏做冷鲜食材，或脱水干燥。

第六章 黄精文化传承

黄精虽然只是一株小草的根茎，但一与人类相遇，就成为坤土之精、仙人余粮、本草上品。在5 000年的历史长河中，经中国人的双手，黄精变成一道道老少皆宜、男女皆宜、僧道皆宜、宫廷民间皆宜的良药、美食。它步入唐代诗人的殿堂，藏进僧道的行囊，成为游侠的生命伴侣、历代皇宫的贡品、百姓的救荒本草。历代本草、唐诗宋词、《西游记》《永嘉记》《新安志》，九华山、天台山、嵩山、茅山、黄山、泰山、医圣、药圣、游侠、诗人、隐士、僧人、道士不仅留下了黄精翔实的史记，更有与黄精有关的动人传说。

一、安徽黄精记载与传说

黄精在安徽使用历史悠久，是十大皖药之一，其中九华山、黄山、大别山等地都是黄精的重要产区。九华山，中国四大名山之一，天开神奇，清丽脱俗，境内群峰竞秀，怪石林立，九大主峰如九朵莲花，千姿百态，各具神韵，有"莲花佛国"之称。连绵山峰与佛教圣地形成了黄精天然生长与文化传播的宝地。黄山，以奇松、怪石、云海、温泉、冬雪"五绝"引来无数诗人、游侠、隐士、僧道留下众多的文学与传说。

（一）九华山黄精

《青阳县志》（光绪辛卯版）云：黄精处处有之，土人鬻以代粮。惟以九华者为佳，九华又以绝巘不闻鸡犬之声者为上品。"金地藏""无暇禅师"翔实的史记与传说更是九华黄精的魅力所在。

佛教历史上"地藏王菩萨"有两位，一位是佛教信仰"释地藏"，另一位是真人"金地藏"。金地藏就是新罗王子金乔觉（696—794年）。据《宋高僧传》记载，金乔觉从小便信仰佛教，唐开元年间来青阳九华山剃度出家，法名地藏比丘。他为了学习佛法，来到九华山修行。修行期间，金乔觉不食人间烟火，专以野果、野菜维持生命，尤以九华黄精为主食，99岁圆寂。他在《酬惠米》中说："弃却金銮纳布衣，修身浮海到华西。原身自是藩王子，慕道相逢吴用之。未敢叩门求他语，昨叨送米续晨炊。而今飧食黄精饭，腹饱忘思前日饥。"

明代高僧无暇禅师（1497—1623年），传说其自幼在山西佛教名山五台山出家，24岁云游天下，26岁来安徽九华山学佛参禅。他在九华山百岁宫山洞内苦修，以野果、黄精和泉水维持生命，先后花费28年时间用血拌金粉写成了八十一卷《大方广佛华严经》（如今这部血经还陈列在九华山文物展览馆内）。明天启三年（1623年）秋，无暇禅师嘱咐弟子将其身体坐缸，言毕安详入定，享年126岁。三年后启缸，肉身面色如生、身体完好，遂装金供奉。清咸丰年间，百岁宫遭火灾，大殿等全部焚毁，仅留下无暇禅师肉身殿。如今其肉身仍供奉在百岁宫殿内，真身至今400多年不腐。

（二）黄山黄精

黄精在黄山也有悠久历史。传说，黄山古称黟山。因轩辕黄帝和浮丘公、容成子在此采集百草、炼丹求仙，唐天宝六年（747年）六月十六日被唐玄宗钦定为"黄山"，意为"黄帝之山"。但也有其他说法，譬如，五行理论中黄色代表土性，居于中间，为正色、帝王之色，故而称为黄山。又说，该地盛产黄精，其药材极为名贵，故称黄山。还说，该地产黄檗或黄柏，由此而称黄山。《新安志》（宋）卷二"黄精者，生山之阴，视其华之白，以别钩吻，土人号为甜蕨"；《新安志》（宋）卷三灵山"有黄精木，上有灵坛，道士祈请，不烧香，自然芬馥"；《乾隆歙县志》有关于徽州黄精作为贡品的记载；民国二十三年《安徽通志稿·物产考》记载"黄精，此物黄山产者最佳"。

黄山脚下歙县，唐代有位道人许宣平，他长期隐居于歙县南山（如今的歙县南乡覆船山，主峰搁船尖）中，在"石门九不锁"的最后一道门后结庵辟谷修炼。当时大诗人李白慕名而访，不得而遇，十分遗憾，遂留诗曰："我吟传舍咏，来访真人居。烟岭迷高迹，云林隔太虚。窥庭但萧萧，倚杖空踟蹰。应化辽天鹤，归当千岁余。"宣平归庵，见壁诗，作《见李白诗又吟》："一池荷叶衣无尽，两亩黄精食有余。又被人来寻讨著，移庵不免更深居。"可见歙县在唐代已经栽培黄精并成为重要的粮食。

据《祁门县志》《祁门风物》记载，明万历年间（1573—1620年），有九华山僧人特地来祁，到四乡收购黄精，经九蒸九晒，精心制作，名曰"九制黄精"，油润气香味甜，品质上乘，深受上九华山朝圣和旅游的客人青睐，供不应求。从此，多花黄精名声远扬，至今仍深受欢迎。同时也证明九华黄精与黄山黄精血肉相连。

（三）天柱山黄精

天柱山位于潜山市，为大别山山脉东延的一个组成部分（或称余脉），又名潜山、皖山、皖公山（安徽省简称"皖"由此而来）、万岁山、万山等。相传，东汉著名方士左慈在天柱山炼丹湖旁炼制仙丹，无意中采食了黄精，经过不断的试验和反复研究，逐渐发现了黄精的价值和功效。他在经过不断摸索和改善炮制方法后，最终确定了黄精的九蒸九曝炮制技艺，并将其加工工艺记载于《九鼎丹经》中，这也是中国炼丹术中最早记载九蒸九晒之法的著作。相传师从左慈、葛玄的葛洪在天柱山编写《抱朴子内篇》时就非常钟爱天柱山的野生黄精，葛洪将此技艺传于天柱山葛姓后人并传承至今。左慈炼丹的石室被明人列为天柱十景之一的"丹灶苍烟"，今天柱山仍遗有左慈上中下炼丹台、焙药坪等遗迹，仙迹历历。

明末清初，道教思想家、书画家、诗人、医学家傅山（1607—1684年，今山西省太原市尖草坪区向阳镇西村人），作诗《登天柱山》："选胜登山惬野情，惊看足下白云生。千盘鸟道通幽径，万顷湖波卷静地。山中仙人遗迹在，松林逢道谈玄机。尘世俗缘何年华，好向山中采黄精。"证明在明末清初天柱山已有采集黄精使用的记载。

《潜山县志》和中药普查也有多处关于黄精的记载。其中顺治五年修《潜山县志》载有"主要药材80余种，有何首乌、黄精、茯苓、白术、苍术……"；民国九年记载"黄精、桔梗、五倍子、天花粉、瓜蒌……不可胜记"。此外出版于1986年的《潜山县中药普查与区分》记载：潜山"主要经营品种284种，如茯苓、桔梗、丹参、沙参、半夏、黄精、玉竹、苍术、潜厚朴……"。

（四）安徽黄精其他记载与传说

1.旌德黄精

黄精在宣城市的旌德县、绩溪县等地历史悠久。清嘉庆年间《旌德县志》卷之五——食货物产之药属曰：黄精，一名野生姜，山中多有之。岁歉，代谷食。说明嘉庆年间旌德百姓已经挖取黄精充饥。《旌德县志》（1992年）记载黄精是蕴藏量在25~50t的植物类资源，体现旌德县黄精野生资源蕴藏量丰富。旌德当地百姓称经过炮制的黄精为"九蒸八晒"。他们将采收的鲜黄精洗净放入笼屉中蒸制，透心为度，然后取出晒至八成干，这样重复蒸九次，晒八次，得到色黑、味甘甜如饴的"九蒸八晒"。"九蒸八晒"滋补力强，在旌德有着数百年的历史。

2.绩溪黄精

绩溪是古徽州新安医学的发源地，而古徽州孕育了多名御医，御医将黄精作为药饮或者保健食品带入宫中，供皇亲国戚和达官贵人所用。绩溪的龙丛源黄精，早在唐朝时期就已成为宫廷的御用滋补品。据记载，唐明皇李隆基曾食用龙丛源黄精以延年益寿，到了明清时期，龙丛源黄精更是名声大噪，成为当时的贡品。黄精在《绩溪县志》有记载，当地传说地藏王菩萨金乔觉游历名山大川去九华山修行前，先在绩溪当地小九华修行2年多，觉得山势狭窄，阳光日照短，视野不宽阔，便一路西行去了九华山，同时带去了黄精种子去那里种植。当地有"大九华许愿，小九华还愿"一说。

3.和县黄精

安徽和县黄精自唐代就有记载。唐代诗人张籍（约766—约830年），原籍吴郡（今江苏省苏州市），后移居和州（今安徽省马鞍山市和县），作诗《寄王侍御》："爱君紫阁峰前好，新作书堂药灶成。见欲移居相近住，有田多与种黄精。"说明黄精已经融入张籍的生活。唐代诗人许浑（约791—约858年），是润州丹阳（今江苏省丹阳市）人，为晚唐最具影响力的诗人之一，曾作诗《题勤尊师历阳山居》："二十知兵在羽林，中年潜识子房心。苍鹰出塞胡尘灭，白鹤还乡楚水深。春坼酒瓶浮药气，晚携棋局带松阴。鸡笼山上云多处，自劚黄精不可寻。"诗中的"鸡笼山"位于安徽省和县境内，说明和县自唐代以来就有黄精使用的记载。

二、浙江黄精记载与传说

浙江黄精记载与传说主要集中在天台山脉与括苍山脉。天台山脉位于浙江省中东部，多悬岩、峭壁、瀑布，以石梁瀑布最有名，素以"佛宗道源、山水神秀"享誉海内外。括苍山脉位于浙东中南部，南呼雁荡，北应天台，西邻仙都，东瞰大海，著名神仙居就在此山脉。崇山峻岭与佛宗道源迎来了众多的诗人、僧道，形成丰富多彩的黄精文化传播至今。

（一）天台山黄精

天台山黄精记载最翔实与传奇的当属拾得、寒山与黄精。"拾得"是国清寺丰干禅师（唐）在赤城道旁边拾得弃儿而得名；寒山，又名贫子，是一位隐僧，栖息于天台山的寒岩幽窟中，被称为寒山子。传说寒山和拾得分别是文殊菩萨和普贤菩萨的化身。

拾得《诗 其二十四》云："一入双溪不计春，炼暴黄精几许斤。炉灶石锅频煮沸，土甀久蒸气味珍。谁来幽谷餐仙食，独向云泉更勿人。延龄寿尽招手石，此栖终不出山门。"详细记录了拾得、寒山在天台山享受黄精的美好生活。正因为黄精的滋补，拾得、寒山才有强健的身体（传寒山寓居天台山70多年，享年100多岁），并且二人在唐贞观年间到苏州妙利普明塔院任住持，妙利普明塔院由此改名为闻名中外的苏州寒山寺。

白居易（772—846年）是唐代伟大的现实主义诗人，唐代三大诗人之一。《题赠郑秘书征君石沟溪隐居》："丹灶烧烟煜，黄精花丰茸。"进一步证明了黄精在天台山的存在与历史地位。

《台州特产志·天台名产·名药篇》记载："黄精，中医以根茎入药，产天台华顶山者良。"《天台山方外志要》记载："《本草》云：黄精久服，轻身延年不饥，耐寒暑。"《台州府志》（1717年）记载："黄精，九蒸九曝而食，俗有'九蒸九晒黄精干'之谚。"

（二）《永嘉记》——中国最早的黄精产地记载

《永嘉记》是一部记载温州在晋宋时期的乡土地理、山川、物产、风俗、文化等内容的著作，是温州的第一部方志。但由于历时久远，《永嘉记》早已亡佚，其内容只散见于类书、杂史及前人注释等文献著作中。幸运的是《齐民要术》《本草品汇精要》等文献中均引有《永嘉记》中的黄精，为黄精的历史研究提供了弥足珍贵的史料。

《齐民要术》记载：《永嘉记》所记录物产，品类众多，水产为香螺、文蛤、蛎、蟹、鲇鱼等，药材为黄精、细辛、恒山、黄檗、黄连、菌芝等，矿产为紫石英、白石英、赤石脂、钟乳、石砚等，甚是丰富。证明晋宋时期黄精位列温州药材之首。

《本草品汇精要》记载：《永嘉记》黄精出崧阳永宁县（今温州市），《本草图经》嵩山、茅山为佳。《永嘉记》黄精记载比《本草图经》早500多年，当属黄精最早的产地记载。

（三）浙江黄精其他记载与传说

唐诗《期王炼师不至》，拟秦系（约720—810年）避乱剡溪（浙江省绍兴市嵊州境内）所作："黄精蒸罢洗琼杯，林下从留石上苔。昨日围棋未终局，多乘白鹤下山来。"该诗清晰表明黄精与美酒同在，黄精是招待贵人、仙人之物，也是延年长寿之物。

唐诗《妙乐观》（灵一，生卒年均不详，764年前后在世）："王乔所居空山观，白云至今凝不散。坛场月路几千年，往往吹笙下天半。瀑布西行过石桥，黄精采根还采苗。忽见一人擎茶碗，簝花昨夜风吹满。自言家处在东坡，白犬相随邀我过。松间石上有棋局，能使樵人烂斧柯。"详细记载了僧人生活与黄精，以及黄精根与苗共同融入生活的场景。

唐诗《药圃》（白元鉴，？—817年）："春日祥光满，秋风瑞实成。黄精宜益寿，萱草足忘情。候采灵芝服，还应羽翼生。"可见唐代已知黄精的功效与黄精在药圃中的地位。

南宋著名诗人陆游（1125—1210年），少时受家庭爱国思想熏陶，高宗时应礼部试，为秦桧所黜。孝宗时赐进士出身。中年入蜀，投身军旅生活，官至宝章阁待制。晚年退居家乡。其一生笔耕不辍，今存诗词9 000多首，其中描写黄精功效的诗词有5首。《村舍杂书》："逢人乞药栽，郁郁遂满园。玉芝来天姥。黄精出云门。丹茁雨后吐，绿叶风中翻。活人吾岂能，要有此意存。"《入秋游山赋诗略无阙日戏作五字七首识之以野》："黄精扫白发，面有孺子颜。简寂吾家旧，飘然时往还。"《怀青城旧游》："少陵老子未识真，欲倚黄精除白发。"《书感》："茅檐住稳胜华屋，芋糁味甘如大烹。静观万事付一默，扫空白发非黄精。"《老叹》："齿发衰残久退休，衡茅荒寂更禁秋。一年用力身犹倦，百不关心梦亦愁。远浦卧看凫泛泛，深林时听鹿呦呦。天台日有游僧过，白术黄精不待求。"可见黄精在陆游生活中的地位，或许黄精就是诗人长寿之物。

三、湖南黄精记载与传说

黄精是"湘九味"栽培面积最大的药材。武陵山区和雪峰山区是湖南黄精的重要产区。该地区是云贵高原的东部延伸地带，属亚热带向暖温带过渡类型，光、热、水资源丰富，"高海拔、低纬度、多云雾"，这里山高溪多，植被茂密，土壤质地疏松，有机质含量高，富含硒、锌等多种微量元素，非常适合黄精的生长和内含物质的沉淀与积累，所产黄精"一片纯甜"。湖南、重庆、湖北、贵州交界的武陵山区和雪峰山区是目前全国集中连片黄精主产区之一。

（一）考古与本草中的湖南黄精

1973年长沙马王堆汉墓考古出土古书《养生方》。湖南省中医药研究院李聪甫、刘炳凡、欧阳锜3位中医泰斗以《养生方》秘旨和《内经》经义，将马王堆的精、气、神养生文化作为组方内核进行药物配伍，研发出淫羊藿、枸杞子、黄精、女贞子、菟丝子、金樱子、人参、黄芪、白芍、麦芽等中药组成的"古汉养生精"，具有补气、滋肾、益精功能，用于气阴亏虚、肾精不足所致的头晕、心悸、目眩、耳鸣、健忘、失眠、疲乏无力，以及更年期综合征、病后体虚。

《药物出产辨》记载："以湖南产者为正。形象菱角肉，色黑。其余连州、乐昌、西江八属、广西南宁均有出产……湖南产之正黄精，一片纯甜。"程铭恩等认为湖南黄精属植物有苦味的轮叶类湖北黄精（*P. zanlanscianense*）、分布量较少的互叶类距药黄精（*P. franchetii*）及分布量较多且味甜的多花黄精，推断《药物出产辨》中所描述的为多花黄精，明确了湖南黄精在全国的地位与质量优势。

（二）新化黄精

新化古称梅山，地处湘中偏西、资水中游、雪峰山东南麓，"高海拔、低纬度、多云雾"是黄精生长的天堂。而包括苗族、瑶族、侗族、汉族等多民族的梅山儿女，从先秦开始创造了山地渔猎文化与稻作文化融合的全球重要农业文化遗产、世界灌溉工程遗产紫鹊界梯田。

"紫鹊界梯田依山就势而造，小如碟、大如盆、长如带、弯如月、形态各异、变化万千，宛如天上瑶池，人间仙境。"这是最新湘教版的高中必修教材中，对位于湖南省新化县源于2 000多年前秦代农耕文明的"梯田王国"的描述。紫鹊界原名止客界，海拔1 236m，是从水车镇通往奉家镇到溆浦县必经的第一座山峰。因山高坡陡，其路不得不以"之"字形拾级而上，但还是令行人望而却步，故名。据当地奉氏族谱记载，奉氏即为秦朝贵族后裔，因统治阶级追杀，不得已改"秦"为"奉"。相传，紫鹊界秦人梯田的成形是在秦朝覆灭之后，秦朝贵族因王朝更迭，被汉朝统治者追杀，遂逃难至此，以采挖黄精为生，使其才智更加聪颖、体力更加充沛，他们将中原先进的耕作方式与当地三苗山地渔猎文化相融合，开凿出独特的梯田灌溉体系，并使黄精成为紫鹊界渔猎文化的重要组成部分。

新化黄精，据可记录的文字记载，其采集和种植已有超过600年的历史。明代新化诗人廖孔《山中》生动地描述了新化丰富的黄精资源与民间应用："山中野菜不须钱，紫笋黄精满路边。自古采薇皆可饱，况能服术亦成仙。桃盈篮子归来缓，枕著锄头到处眠。况有雪花称美味，未劳种植过年年。"明嘉靖年间《新化县志·食货志》中就有"新化主产黄精、黄柏、玉竹等100多种中药材"的记载；清同治年间《新化县志》记载，黄精是新化年出产1 000t以上的中药材品种之一。全国第三次自然资源和中药材资源普查结果表明，新化野生多花黄精分布面积约 7.3 万 hm²（110 万亩），年出产 2 000t 以上，列为中药材之首，是全国多花黄精核心产区。

新化黄精在抗日战争时期立下了不可磨灭的战功，成为抗战伤兵的救命草。据百岁老人邹高专介绍：

1945 年 4 月，日本侵略军集中两个师团和一个独立旅团，从邵阳向西攻击前进，目标是湘西重镇芷江。七十三军军长韩浚预料敌人可能进犯新化，但由于兵力有限，守新化的只有七十七师，为了战斗中受伤官兵的救护，在后方槎溪镇油坪溪村设立了后方医院。

新化抗日战争在洋溪打响，后方医院就忙得不可开交。几天之后，由于伤兵增多，医院粮草越来越少，老百姓把淋粪的红薯洗干净了给了伤兵食用，为了维持伤兵的生命，官兵组织老百姓在山里就地采挖各种能吃的食物，土茯苓、鱼腥草、淮山药等都成了宝贝，幸运的是山上长满了大片大片的羊角参，即为李时珍《本草纲目》中称的黄精，是一种古时用来蒸熟晒干充饥的食物。老百姓向官兵详细介绍了加工方法，柴火九蒸九晒，效果最好，但战争年代，时间就是生命，为了伤兵饱腹充饥，一般煮几个小时就作为食物分给了伤员。

由于黄精具有益肾补气、润肺生津、增强抵抗力的作用，伤兵的伤也恢复得很快，一株黄精仙草也为抗日战争立下了不可磨灭的战功。战地医院维持 3 个多月，新化抗战歼灭敌人 4 500 余人，为湘西会战做出了重要贡献。

四、江苏黄精记载与传说

江苏以平原为主，适合黄精生长的山地资源很少，但韦应物（约 735—790 年）《饵黄精》、吴承恩（约 1504—1582 年）《西游记》和茅山道教却留下了重要的黄精文化。

（一）韦应物《饵黄精》

韦应物很早就步入仕途，唐天宝六年担任三卫郎为唐玄宗效力。其性格仁义侠气，狂放潇洒。安史之乱以后，唐玄宗流落蜀地，韦应物流落失职，开始用心读书，后来进士及第，历任滁州、江州、苏州刺史。《饵黄精》："灵药出西山，服食采其根。九蒸换凡骨，经著上世言。候火起中夜，馨香满南轩。斋居感众灵，药术启妙门。自怀物外心，岂与俗士论。终期脱印绶，永与天壤存。"应该是其任苏州刺史后所作，短短 60 个字，把黄精的采集地、食用部位、加工方法、场景、功效写得淋漓尽致。

（二）吴承恩《西游记》

吴承恩，祖籍涟水（今江苏省涟水县），后徙居山阳（今江苏省淮安市）。十多岁时就以文才出众而享有盛名。明嘉靖八年（1529年），就读于龙溪书院，成为"法筵人"，虽才华出众，但多次名落孙山。约于嘉靖二十一年（1542年）完成小说《西游记》初稿。仔细研读，吴承恩不仅是位优秀的作家，还有着丰富的中医药学知识，并且对黄精独有情钟。

孙悟空在花果山成为猴王以后，每天都在吃什么呢？《西游记》第1回给出了答案："率领众猴采仙桃，摘异果，刨山药，剧黄精，芝兰香蕙，瑶草奇花……""春采百花为饮食，夏寻诸果作生涯。秋收芋栗延时节，冬觅黄精度岁华。"《西游记》不仅描述了黄精在美猴王生活中的地位，同时精准讲述了黄精的采收季节。第1回中，吴承恩还讲述了黄精加工与配伍："熟煨山药，烂煮黄精，捣碎茯苓并薏苡，石锅微火漫炊羹。人间纵有珍馐味，怎比山猴乐更宁？"今天仍然有重要指导意义。黄精、茯苓、薏苡仁等滋补食药或许是孙大圣通天本领的物质基础。

除第1回外，《西游记》第54回西梁女儿国国王婚宴菜单"玉屑米饭、蒸饼、糖糕、蘑菇、香蕈、笋芽、木耳、黄花菜、石花菜、紫菜、蔓菁、芋头、萝蔔、山药、黄精"；第79回小儿国国王宴"狮糖、粉条、蘑菇、木耳、嫩笋、黄精、十香素菜，百味珍馐"；第82回无底洞白毛老鼠精成亲宴"豆腐、面筋、木耳、鲜笋、蘑菇、香蕈、山药、黄精"，均列有黄精菜，神仙、国君、妖精都喜好黄精，或许从大唐到西域处处有黄精，或许是吴承恩想把江淮美食推向全国。

（三）茅山黄精

《本草图经》首次记载道地产区："黄精，……旧不载所出州郡，但云生山谷，今南北皆有之。以嵩山、茅山者为佳。"但是，茅山位于江苏句容与金坛交界处，最高峰海拔372.5m，系天目山遗脉，南北约长10km，东西约宽5km，面积50多km^2。据《江苏植物志》记载，江苏省分布有黄精属野生植物4种，分别是鸡头黄精、多花黄精、湖北黄精和玉竹。经实地考察，茅山及周边仅见玉竹零星分布，综合考量鸡头黄精、多花黄精适生的海拔分布和该地区生态环境现状，可以确认茅山地区无论历史上还是现代，均无法生产可以认定最佳产地的"黄精"，其"道地性"可能来自于"太保黄精"的传说。

传说唐玄宗李隆基自杨贵妃入宫以后，终日饮酒作乐，渐觉身体不适，无心过问政事，虽服各种稀世补药也无济于事，宫内御医束手无策。一日，唐玄宗在后宫休息，蒙眬中梦见茅山道士陶弘景向他献茅山黄精。当他醒来时，身旁太监禀报说茅山道士李含光求见。玄宗本与李含光常有书信往来，心想今日突然来临定有要事启奏，马上宣旨召见。原来李含光听闻玄宗龙体欠安，是来献茅山黄精的。玄宗心想：真的献黄精来了，可能是陶真人暗中护佑，若饮用黄精果能恢复健康，一定重赏茅山道士。从此，李含光在宫中每天按时服侍玄宗服用黄精，不过数日，玄宗饮食渐增，气色好转，如此这样服用了不到3个月，玄宗果然红光满面，精力充沛，疾病全消。为了酬谢李含光，唐玄宗赠送他许多财宝，并要留他常住宫中，但李含光坚持要回茅山，玄宗无奈只好封他个虚职"太保"的头衔，他所献黄精也被称为"太保黄精"。自古以来，有官衔的药草唯有茅山太保黄精了。

唐代诗人顾况，晚年隐居茅山时，作《题卢道士房》："秋砧响落木，共坐茅君家。唯见两童子，门外汲井花。空坛静白日，神鼎飞丹砂。麈尾拂霜草，金铃摇雾霞。上章尘世隔，看弈桐阴斜。稽首问仙要，黄精堪饵花。"记载了黄精在茅山仙药中的地位。

五、江西黄精记载与传说

江西地处长江中下游南岸，多山地丘陵，生态优越，气候温暖，适合黄精孕育生长。江西是人文渊薮之地，文化底蕴深厚，名人辈出，故历代的医药典籍、地方志等有很多黄精的记载，宋代《本草图经》及《证类本草》均有江西黄精的记载。近代江西黄精与红色革命文化、绿色山水农耕文化与古色中医药文化等交相辉映，大放异彩。

（一）本草与史记中的江西黄精

江西黄精本草记载可追溯到宋代的《本草图经》与《证类本草》，均有"洪州黄精图"之记载，图中描述洪州黄精茎秆笔直，根连珠状或姜块状且肥厚。古洪州即今南昌地区，表明宋代江西已为黄精产区之一。明代《本草蒙筌》中亦有"洪州黄精"的形态图记录，这进一步表明古代江西为黄精产地。江西旴江医派一些著名医家在其著作中均有对黄精别称的记录，清代著名医学家、乾隆皇帝时代宫廷御医黄宫绣是江西省宜黄县棠阴君山人，所著《本草求真》中详细记载：黄精"治能补中益五脏、补脾胃、润心肺、填精补助筋骨、除风湿、下三虫，且得坤土之精粹，久服不饥"；清代旴江医家章穆（今江西鄱阳人）擅长饮食养生法治未病，十分推崇江西黄精的滋补食疗养生应用，其在《调疾饮食辩》中记载：

"黄精粥。切碎同粳米煮，主治一切诸虚百损，不拘阴阳气血衰惫，无不宜之。"

明代《永乐大典》中有江西多地黄精记载，卷八五二六"精"字韵载："抚州志黄精，金溪崖山最多，本草云仙药也。九江志苏山观记，黄精遍野。袁州志黄精，出仰山。"明代《四库全书明一统志》卷五十七"瑞州府志"篇载："黄精，宜春县出。"清代《钦定四库全书史部地理类江西通志》中对江西各地黄精进行了较多的记载，如卷二十七"土产篇"中记载"南昌府黄精，西山出；抚州府黄精，金溪崖山最多；南康府有出产黄精"；卷三十九"袁州府"篇中记载"昔徐君居此地，每日见黄犬往来，心异之，遂烹食焉，盖黄精也"；卷一百三十六"仙岩图序"篇中记载龙虎山"至邹尊岩乳石为门，扉中多黄精、薯蓣、蹲鸱之类"。明清时期江西多地的地方志中亦有黄精之记载，如《正德建昌府志》中物产篇记载"黄精，生于山林涧"，建昌府为今抚州南城县，产黄精；《义宁州志》言"黄精，山谷中多产之，取以蒸曝，可为果饵"，经查证清代义宁州大致相当于现铜鼓县、修水县，均产黄精。此外清代多部山记或山志的书籍也记录了江西各地黄精，如《天下名山游记》卷四"武功山记"中记载"乳香、灵药、雪竹、龙草、黄精、仙茅，居人皆攀援梯系以入"，这表明位于今吉安与萍乡交界的武功山产黄精；《太平山典籍汇编》中"杂药类"篇言道"……防风、黄芩、黄精……已上生山间，医书列仙草，其气皆芬芳者"，太平山亦称丝罗山，位于今九江市武宁县境内，产黄精；《云居山新志》中也记载了位于今九江市永修县境内云居山有黄精、前胡、何首乌、淮山、茯苓、党参等百余种名贵药材；《麻姑山志》亦曰"黄精，土人采以为饵，久食可仙"，麻姑山位于今抚州市南城县境内，表明该地亦产黄精。

（二）黄精的动人传说数江西

黄精的最动人传说应数徐铉的《食黄精婢》。《食黄精婢》始载于《稽神录》卷五：临川有士人唐遇，虐其所使婢，婢不堪其毒，乃逃入山中。久之粮尽，饥甚，坐水边，见野草枝叶可爱，即拔取。濯水中，连根食之，甚美。自是，恒食久之，遂不饥，而更轻捷。夜息大树下，闻草中兽走，以为虎而惧，因念得上树乃生，正尔念之，而身已在树梢矣。及晓，又念当下平地，又翕然而下。自是，意有所之，身辄飘然而去，或自一峰之一峰顶，若飞鸟焉。数岁，其家人伐薪见之，以告其主，亦骇异，必欲致之。或曰，此婢也，安有仙骨，不过得灵药饵之尔。试以盛馔，多其五味，令甚香美，致其往来之路，观其食否。果如其言，常来就食，食迄不复能远去，遂为所擒。具述其故，问其所食草之形状，即黄精也。

唐慎微《证类本草》、李时珍《本草纲目》等均收载了徐铉的《食黄精婢》。

故事虽然夸张离奇，但足见人们对黄精的药效功能评价之高。

（三）特有炮制工艺的江西黄精

古代江西黄精的炮制方法很多，如通用的蒸晒法、重蒸法，或是九蒸九晒法等，特色如吉州、抚州一带蜜黄精制法与应用，即取黄精洗净切片，清水漂一昼夜，煮后晒5成干，拌蜂蜜润一夜，放锅内隔水蒸透，再晒干；最具江西特色的当属建昌帮炙法炮制。建昌帮为我国南方著名的古药帮，发祥于古代江西建昌府，其历史可追溯到东晋葛洪在麻姑山一带从事采药、炼丹、传医、治病等中医药活动，其曾将药与酒共制，"安罂中密封，以糠火烧四边，烧令三沸，待冷出"；此后宋元时期采用特色装置炙药罐（老虎灶）炙制黄精等滋补药品，即将净药材装入陶制炙药坛内，加入酒，置糠火中用文火慢慢煨煮至熟的制法，属水火共制法，此炮制法兴旺于宋代，鼎盛于明清时期。此法虽偏复杂，但可使炙制饮片有上好的外观及品质，药效精良，以"炙制黄精黑如漆"为上品。此工艺已经被列入抚州市非遗代表性名录及地方中药炮制标准。

（四 ）诗词中的江西黄精

南宋诗人洪适《杂咏下 黄精》写道："叶细浑疑竹，丛轻却像花。果然能辟谷，谁不护萌芽。"洪适为古代饶州鄱阳（今江西鄱阳）人，其与欧阳修、赵明诚并称"宋代金石三大家"，所著诗中描述黄精形态与《本草图经》及《证类本草》中记载的洪州黄精形态相似，而功能"果然能辟谷"。

宋代诗人曾丰在《癸卯豫章贡闱酬赠教授张安叔》诗文中描述抚州麻姑山黄精："麻姑山气偏，土物半仙剂。枸杞杂黄精，犹未穷厥美。"《癸卯豫章贡闱酬赠教授张安叔》与《食黄精婢》遥相呼应证明抚州盛产黄精。

江西黄精食用悠久的历史，在《江西通志》（卷一百五十）中也得到体现，赵东林所著金精歌写道："云蒸甑腹烂青饵，雪冻地骨迷黄精。"

（五）黄精与江西红色文化

秋收起义发源地铜鼓修水一带、革命圣山井冈山等江西的山区都是黄精重要分布区和主产地。当年红军艰苦奋斗，以红米饭、南瓜汤果腹，靠挖野菜度饥荒。他们从森林原野中挖取黄精，更成为红军改善生活、补充粮食以及伤病员恢复身体的重要食品营养来源。许多老红军说，在那个艰苦岁月，缺衣少食，挖回来的黄精可是宝贝，总是优先供给伤病员。可以说，铜鼓、井冈山等地黄精为中国革命也做出了贡献。

六、黄精的其他记载与传说

黄精在我国所有省份都有分布，有人活动的地方都可以种植黄精。除了前述记载与传说外，杜甫、苏轼等诗人，以及许多名山大川都有关于黄精动人的传说。

（一）杜甫与黄精

杜甫（712—770年），字子美，常自称少陵野老。举进士不第，曾任检校工部员外郎，故世称杜工部。杜甫是唐代最伟大的现实主义诗人，宋以后被尊为"诗圣"，与李白并称"李杜"。其诗大胆揭露当时社会矛盾，对穷苦人民寄予深切同情，内容深刻。他的许多优秀作品，显示了唐代由盛转衰的历史过程，因此被称为"诗史"。在艺术上，杜甫善于运用各种诗歌形式，尤长于律诗。其诗歌风格多样，而以沉郁为主；语言精练，具有高度的表达能力。杜甫曾借助黄精记录其生活的苍凉悲怆与家国情怀。

唐肃宗乾元二年（759年）七月，杜甫自华州弃官流寓秦州（今甘肃天水），此时心情尚好，赞叹太平寺泉眼的神异、泉水的明净及环境的幽美，表达要在这里卜居，服食修炼，写下《太平寺泉眼》："招提凭高冈，疏散连草莽。出泉枯柳根，汲引岁月古。石间见海眼，天畔萦水府。广深丈尺间，宴息敢轻侮。青白二小蛇，幽姿可时睹。如丝气或上，烂熳为云雨。山头到山下，凿井不尽土。取供十方僧，香美胜牛乳。北风起寒文，弱藻舒翠缕。明涵客衣净，细荡林影趣。何当宅下流，馀润通药圃。三春湿黄精，一食生毛羽。"

同年七月杜甫自秦州转赴同谷（今甘肃成县），在那里住了约一个月，这是他生活最为困窘的时期。《乾元中寓居同谷县作歌七首》作于一家人饥寒交迫时，也是古代诗歌中罕有的苍凉悲怆之作。《乾元中寓居同谷县作歌七首（二）》："长镵长镵白木柄，我生托子以为命。黄精无苗山雪盛，短衣数挽不掩胫。此时与子空归来，男呻女吟四壁静。呜呼二歌兮歌始放，邻里为我色惆怅。"记录了杜甫的苍凉悲怆与对黄精的想念。

杜甫弃官入川后，761年来到青城山，被青城山的神圣、幽雅所感染。山间迤逦而上的红色石梯，梯旁一路蔓延至山顶的茂绿草木，都给杜甫留下了非常深刻的印象。特别是林间残留着的淡绿色钟状小花，结着紫黑色球果的药苗，遍山都是。杜甫想到，那不是我最喜爱的黄精吗？！杜甫情不自禁地高声吟哦，即兴赋来长短句参用的一首新诗《丈人山》："自为青城客，不唾青城地。为爱丈人山，丹梯近幽意。丈人祠西佳气浓，缘云拟住最高峰。扫除白发黄精在，君看他时冰雪容。"此诗看似直白，但却意境悠远，自喻为"青城客"的杜甫，通过丈人山透露出心系苍生、胸怀国事的赤子之情。

（二）苏轼与黄精

苏轼（1037—1101年），字子瞻，一字和仲，号东坡居士，世称苏东坡。眉州眉山人。北宋诗人、词人，宋代文学家，是豪放派词人的主要代表之一，"唐宋八大家"之一。其文汪洋恣肆，明白畅达，其诗题材广泛，内容丰富，现存诗3 900余首。其中涉及黄精诗词有8首。

《黄精鹿》："太华西南第几峰，落花流水自重重。幽人只采黄精去，不见春山鹿养茸。"

《答周循州》："蔬饭藜床破衲衣，扫除习气不吟诗。前生似是卢行者，后学过呼韩退之。未敢叩门求夜话，时叨送米续晨炊。知君清俸难多辍，且觅黄精与疗饥。"

还有"扫白非黄精，轻身岂胡麻"（《次韵致政张朝奉仍招晚饮》）；"诗人空腹待黄精，生事只看长柄械"（《又次前韵赠贾耘老》）；"会须扫白发，不复用黄精"（《初别子由》）；"子美拾橡栗，黄精诳空肠"（《薏苡》）；"闻道黄精草，丛生绿玉簪"（《入峡》）；"当连青竹竿，下灌黄精圃"（《白水山佛迹岩》）等对黄精的描述，可见诗人眼中或生活中时时有黄精。

（三）泰山黄精

泰山位于山东省中部，隶属于泰安市，又名岱山、岱宗、岱岳、东岳、泰岳，为五岳之一，有"五岳之首""天下第一山"之称。自古名山出名药。雄伟壮丽的泰山，山势起伏，绵延数百里，以其独特的地理环境和气候条件，孕育出数以千计的名贵药材，尤以"泰山四大名药"最具影响。

"泰山四大名药"称谓出自《泰山药物志》（1939年），该书是泰山名医高宗岳先生在救人的间隙，花费十多年心血研究泰山药物，遍访山民、药农和僧道，实地考察各类药物，收集"特产"药物60余种，"通产"药物500余种，编著而成。他从泰山上生长的药材中筛选出独具特点的何首乌（白首乌）、四叶参、紫草（硬紫草）、黄精四种药材，定名为"泰山四大名药"。《泰山药物志》详细记载了泰山黄精："产泰山东北麓山谷中。苗干如麻，一层四叶、平直四方，均五六层，高一二尺，如楼台重重，故名楼台黄精。干下结瓜如姜，臀大首尖，瓜半斤者，干三尺，叶十层，每层五六叶，瓜小者干四寸，叶三层，一层三叶，然茂者叶多。又有两种，其一，苗若槐枝，瓜较黄精肥而首圆，其色白者甘，色黄者味微苦，名大玉竹。其二，苗似冬青瓜有紫斑，味辛麻，形体肥，名葵精，此三者古人未分，皆曰竹，亦曰术，总之以楼台者为真。补中益气，定肝胆，润心肺，益脾胃，升清气，降浊气，填精髓，壮筋骨，除风湿，下三虫，润大便，利小便，耳聪目明，知者皆宝之，黄精得枸杞，功效更良。"

为了弘扬"泰山四大名药"，1986年，泰山脚下一个普通的农民张玉清，无意中读到了《泰山药物志》中关于"泰山四大名药"的描写，从此便怀着一腔赤诚，踏上了寻药之路。攀悬崖、入深涧、风餐露宿……历经艰辛，用15年时间，在泰山脚下建了一处紫藤药园，凭自己的坚持守护着泰山和山上的生灵。

（四）嵩山黄精

嵩山位于河南省登封市，五岳之"中岳"，秦岭山系东延的余脉。古老的嵩山起始于36亿年前，拥有"五代同堂"的地质奇观，中国现有最古老的汉代礼制建筑——汉三阙、佛教禅宗祖庭——少林寺、道教策源地——中岳庙、宋代四大书院之一——嵩阳书院等自然与文化遗存，佛道儒三教荟萃，使黄精传承博大精深。《本草图经》记载"黄精，以嵩山、茅山者为佳"传诵至今。李颀（690—751年）《寄焦炼师》（焦炼师，嵩山之神人）："得道凡百岁，烧丹惟一身。悠悠孤峰顶，日见三花春。白鹤翠微里，黄精幽涧滨。始知世上客，不及山中人。仙境若在梦，朝云如可亲。何由睹颜色，挥手谢风尘。"以黄精点缀清幽出尘的自然景观，营造出超然物外的意境。

第七章　黄精产业发展战略

进入21世纪，人类遇到了百年变局、世纪疫情、地区冲突和自然灾害等前所未有的挑战，全球粮食与营养安全形势复杂严峻。2022年全世界有6.91亿～7.83亿人面临饥饿。我国虽然解决了温饱问题，但是每年需进口粮食1亿t以上，确保谷物基本自给、口粮绝对安全是头等大事。同时，全球超过31亿人无力负担健康膳食，约20亿人遭受隐性饥饿（营养素摄入不足或营养失衡），我国约有3亿人遭受隐性饥饿。糖尿病、心脑血管疾病、癌症等慢性疾病约有70%与隐性饥饿有关，因膳食不健康而导致死亡的问题更为凸显。因此，联合国粮食及农业组织等正在利用农业生物多样性来探寻既高产又有营养的新一代作物。而黄精具有独特的优势（图7-1）。本章在前文系统总结黄精食药用历史，良药美食物质基础，不争林地的林下种植与复合经营等独特优势的基础上，引用团队斯金平和蒋剑春等《中国工程科学》上凝练的问题，提出技术发展举措与发展建议。

一、黄精产业存在的主要问题

（一）基础科学研究薄弱

长期以来，食药同源物质关注的重点是"以药治病"，忽视了"以食养生""以食疗病"，营养多元品质化对人类健康的作用机制探索非常薄弱。黄精因其多糖、甾体皂苷、三萜皂苷、高异黄酮、黄酮、生物碱等活性成分作用温和、起效慢等，研究者很少，特色功能成分不清。此外，在食药同源物质开发研究方法上，也主要借鉴药品开发的思路，以功能成分挖掘、提取、纯化、表征为重点。事实上很多营养或功能成分的储存和传送必须借助食物载体或结构载体，载体的多尺度、微结构性质直接影响功能成分的有效性，包括其在机体内的传递、释放和被吸附利用等。如水果与果汁的比较，如果仅从能量和营养

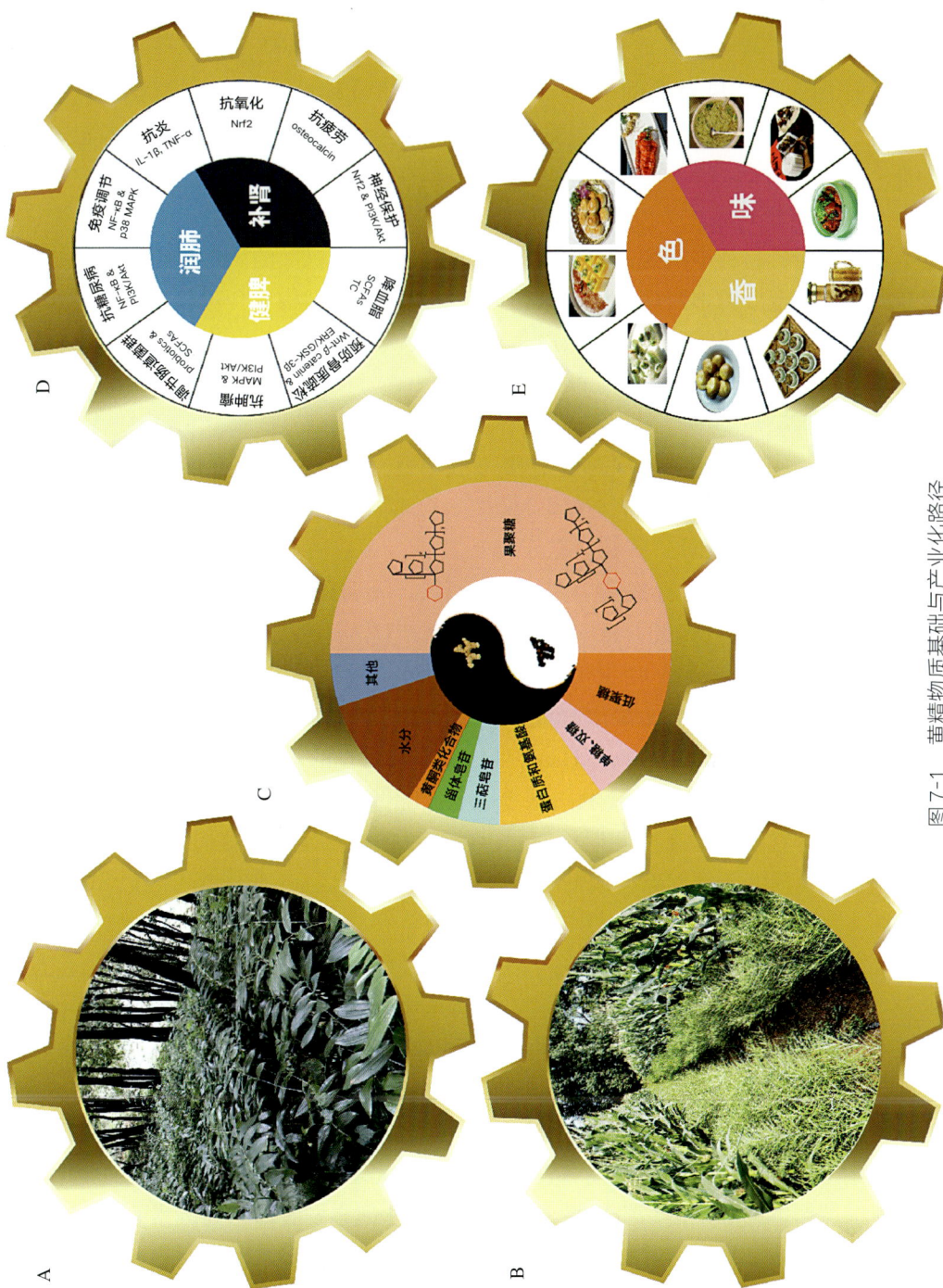

图7-1 黄精物质基础与产业化路径

A.黄精林下栽培 B.黄精与玉米复合经营 C.黄精产业化物质基础 D.黄精药用活性 E.黄精食品

成分考虑，两者没有根本区别，但是，食用水果使人健康，食用果汁会导致肥胖、糖尿病等。从食物本质出发，以载体为基础，研究黄精营养功能成分、多种成分协同作用、成分之间转化、饮食方式、愉悦程度、消化和吸收的效率均为空白，特别是黄精中果糖与载体对营养与安全性的影响对产业发展至关重要。

果聚糖是植物第三大营养储存物质，禾本科和菊科植物中相对简单的果聚糖合成与代谢机制基本清楚，而"久服轻身、延年、不饥"的黄精果聚糖一级结构与合成机制至今仍不清楚，比一级结构更重要的高级结构和介观尺度的代谢酶种类与调控机制、构效关系更是空白。

（二）应用技术支撑不足

黄精虽然已有2 000余年的食用和药用历史，但在种质资源保护、良种选育、高效栽培等方面应用技术支撑不足。

目前，法定药食同源黄精只限于鸡头黄精、多花黄精和滇黄精3种。事实上，全球约60种，中国有39种（特有种20种），不苦的物种均可以食用，卷叶黄精[*P. cirrhifolium*（Wall.）Royle]、轮叶黄精[*P. verticillatum*（L.）All.]、长梗黄精（*P. filipes* Merr. ex C. Jeffrey & McEwan）、湖北黄精（*P. zanlanscianense* Pamp.）、距药黄精（*P. franchetii* Hua）、点花黄精（*P. punctatum* Royle ex Kunth）和互卷黄精（*P. alternicirrhosum* Hand. -Mazz.）等潜在的食药用价值均很大。市场上少见良种供应，种苗主要利用根茎或种子繁殖，其中根茎繁殖以消耗大量的药材资源为代价并存在种性退化问题，多花黄精种子繁殖育苗周期通常需要4年，存在育苗周期长等问题，因此优质种苗供给不足已经成为限制产业发展的痛点难题。

黄精品质、产量对特定地理因子（海拔、经纬度、坡度等）下光、温、水、肥等单因素与多因素的响应规律不明，黄精与林木/玉米、伴生草、根际微生物等之间的生物协同作用不清，林下栽培优质不高产等问题严重制约产业的发展。因此，亟待开展系统的基本理论和应用技术研究，让黄精回归山野林中，实现林下黄精优质高效栽培，突破产业发展瓶颈。

随着黄精种植面积的增加，病虫害的发生与危害必将日趋严重，这将成为制约我国黄精单产水平进一步提高、影响黄精产业健康发展的主要因素。常见病害主要有根腐病、锈病、叶枯病、炭疽病、叶斑病、黑斑病、茎腐病等，其中根腐病、锈病、炭疽病已经在部分核心产区出现毁灭性暴发。常见害虫有蛴螬、地老虎、红蜘蛛、二斑叶螨、斑腿蝗、蛞蝓等，随时都有暴发的可能。几乎所有的病虫害发生、流行规律、防控策略均没有系统的研究，也没有专用农药。同时绝大部分黄精种植基地严重缺乏管理人才，出现病虫害往往不能准确判定，盲目用药，导致病虫害没有得到有效防治。

黄精的加工历史悠久，加工方法多达 10 余种，如九蒸九制法、重蒸法、孟诜制法、酒制法、黑豆共蒸法等，但各种加工工艺的相关参数至今无统一规定，如蒸制、干燥的时间与温度等，加工前后化学成分的变化、产品营养与功效的作用机制并不明确。烹饪技术、资源低碳高值化利用、智慧化加工的研究更少。

（三）文化传承与政策支持滞后

黄精虽然已有 2 000 余年的食用和药用历史，但黄精与人参、三七、石斛、灵芝等中国传统"仙草"相比，文化传承与市场传播明显滞后。在规模化市场中仍未产生高认知度的品牌。

在湖南新化、安徽金寨、湖北崇阳、江西铜鼓、重庆华溪村等地，黄精产业通过"企业＋合作社＋基地＋农户"的深度利益联结模式，不仅为当地提供长期就业岗位，让群众持续共享黄精产业发展红利，更在乡村振兴、共同富裕中发挥了重要作用。如今，地方政府、企业与群众发展黄精产业的内生动力强劲，黄精产业已经成为林下经济的第一产业，但在国家层面没有应有的战略地位，与油茶等木本粮油相比，产业规划、研发平台、研发经费、扶持政策等支持明显滞后，远远不能满足产业发展和大众健康需求。

二、黄精产业发展的技术路径

（一）加强黄精基础科学与应用基础研究

1. 黄精品质化学与健康密码研究

深入开展黄精功效研究，揭示黄精健脾、润肺、益肾的功效，以及上述功效与降血脂、降血糖、减肥、调节肠道菌群、调节免疫力和延缓衰老等的重要作用关系。明确黄精标志物、功能因子及其信号通路，揭示黄精重要功效的品质化学与健康密码。从食物本质出发，重点研究黄精营养或功能成分（因子）借助食物载体储存和传送机制。

2. 黄精复杂结构果聚糖构效与合成机制的研究

针对黄精果聚糖聚合度、分子质量、分支度、结构单元等复杂结构导致的易降解、有能量的特殊性，深入开展其一级结构、高级结构和介观尺度与免疫活性、肠道菌群等的构效关系，探索新的生物活性及其机制。结合基因组、代谢组、转录组等多组学研究，进一步揭示黄精果聚糖生物合成通路与调控机制，更好地了解黄精果聚糖在植物体内的合成与分解代谢规律，构建黄精复杂果聚糖的生物合成细胞工厂，定向改造营养强化作物。加强黄精果聚糖、氨基酸、黄酮、皂苷等营养功效成分协同、转化等研究。

3.黄精蒸制过程中氨基酸糖苷等物质转化机制研究

针对传统黄精九蒸九晒加工过程中果聚糖降解与增效机制不明的问题，以前期发现的美拉德反应过程中重要增效物质氨基酸糖苷为切入点，运用多维生物评价等技术体系筛选其中关键营养、功效、风味物质，阐明其消化、吸收、转运和生物利用度；探究蒸制过程中涩味物质消失，多糖、小分子化合物转化，重要活性物质氨基酸果糖苷形成等增效机制。通过优化蒸制工艺参数（蒸制及烘干温度、时间、次数），改良传统加工工艺，建立基于活性和风味靶向的高品质黄精高效加工新体系。

4. 黄精多糖与淀粉及蛋白质的互作机制研究

针对淀粉食品营养单一、升糖快的问题，利用黄精丰富的多糖调控食品中淀粉及蛋白质微观结构、消化特性、升糖指数等功能与品质潜力巨大。将黄精多糖等引入淀粉及蛋白质食品体系，研究多糖与淀粉互作对淀粉微观结构及其延缓消化、平衡血糖的作用机制，通过分析水分含量及分布、热力学特性、流变特性、回生特性、抗性淀粉含量等，明确其改善淀粉食品品质的机制；分析多糖分子基团与面筋蛋白氢键和二硫键的作用力及疏水作用力，揭示多糖改善面筋网络结构和蒸煮特性的机制，形成功能化主粮加工技术。

5.黄精微生物发酵体系构建及功效研究

黄精生品有麻舌感，功效不如制品，传统的九蒸九晒是黄精加工的主要手段，但其工艺程序复杂，能耗高，原料利用率低。微生物发酵主要利用真菌和细菌发酵过程中所产生的酶，通过酶的作用将一种物质转化为另一种物质。可在常温常压下对药食同源植物中的黄酮、类固醇、生物碱、异黄酮、皂苷、植物甾醇和酚类等天然活性成分进行结构修饰，或使底物分子发生氧化、歧化、异构化、酯化、消旋化，从而转化为价值更高的新化合物，增强生物活性，增强降血脂、抗肿瘤、促进消化吸收和溶解纤维蛋白等作用。因此，筛选黄精强发酵菌株，比较发酵前后黄精多糖的分子质量、结构与组成，黄精皂苷等核心营养功效物质的组分与特性，评价微生物发酵提升黄精降血糖活性和调节肠道菌群平衡的效果，明确活性成分的构效关系，建立黄精食品风味口感和功效成分双重提高的绿色低碳发酵工艺。

（二）强化黄精全产业链应用技术研究

1.黄精良种选育、生产、推广应用

开展黄精种质资源收集保存利用技术研究，重点产区以县（市）为调查单位开展黄精野生种质资源调查，并开展原地保存、异地保存和设施保存相结合的种质资源保存方式。围绕国家重点黄精良种基地建设方向，建立国家级黄精种质资源总库，以及以滇黄精、多花黄精、鸡头黄精等为重点的省级（区域）黄精种质资源保存库，并进行科学评价与利用。开展长期育种专项科研攻关，构建育种群体，推进黄精常规育种、分子标记辅助育种、基因编辑与精准设计定向育种。建立黄精良种基地，确定保障性苗圃，开发育苗专用容器及基质，通过"组培+容器"模式从根源上阻断根腐病，保障优良种苗的供给。

2.黄精林下种植、玉米复合经营等优质高效栽培技术研发

研究光照、温度、水分、养分（N、P、K）等因子对黄精生长的影响，明确黄精对特定环境因子的响应规律和最适生长条件。重点突破林下黄精不同生长发育时期对光、温、水的需求与立地环境（海拔、经纬度、坡向、坡度、郁闭度）的关系，揭示地上空间对黄精生长发育、抗逆性、产量品质等的影响规律，解析黄精耐阴机制，形成地上空间"生境光温水耦合"数字化管理系统。深入研究遮阳植物（储备林、特色经济林、玉米等）、伴生植物与林下黄精互作对地下空间、土壤结构、代谢物、微生物的影响，及其共同影响药材质量、产量及植物抗病害的机制，建立林下黄精生物协同配置技术；构建林下黄精栽培制度并进行评价。制定黄精食用与药用生产管理国家标准，分别规范黄精栽培环境、栽培品种、种苗繁育、栽培基质、栽培技术、病虫害防治、采收、储藏、运输等操作规程。

3.黄精资源综合利用

《抱朴子内篇》首次记载了黄精的药用部位："服其花胜其实，服其实胜其根，但花难多得。"其后《食疗本草》《本草纲目》等均记载："根、叶、花、实，皆可食之""初生苗时，人多采为菜茹，谓之笔菜，味极美"。但近代忽视了资源的综合利用，仅以黄精根茎为食药用部位。因此，应开展黄精叶、花、果实潜在功效与营养成分、活性与质量评价的关键技术研究，开发叶、花、果实系列药品、保健食品与新食品原料，改黄精栽培多年一次性采收为连续采收多年，提升黄精资源的利用效率。

4.黄精美食高值化利用

针对黄精所含化学成分复杂多样，食品化工艺多而复杂，没有明确的质量

标志物，工艺参数一直难以统一的问题，应在黄精核心功效生物学机制与核心功效物质研究的基础上，开展酒黄精、蒸黄精和地方特色炮制等工艺对药材中糖类及次生代谢物等标志性物质的影响研究，阐明黄精炮制减毒增效作用机制，制定标准化炮制工艺参数。针对黄精以食养生的潜力，应运用代谢组学和现代药理学，深入研究根茎、花和嫩芽加工过程和配伍对性味与功效的影响，优化加工工艺，明确其营养和功效。

根据黄精抗氧化、抗衰老、保肝、增强免疫功能、改善记忆、补肾、不饥、延年等功效，经配方筛选和功能学验证，优选现有上市优势产品深入研究，进一步做强做大这些产品；在黄精核心功效生物学机制与核心功效物质研究的基础上，筛选社会需求大且功效确切的配方，把目标群体细分为青少年成长、女性关爱、男性关怀、老年健康等相关系列产品，明确功效性和针对性，提高技术含量，开发出填补市场空白的新功能、新剂型的特色大健康产品。

加强以全物料应用为基础的健康产品开发。过去的很长一段时间内，关注的重点是"以药治病"的功能成分挖掘、提取、纯化、表征，忽视了"以食养生""以食疗病"的重要性。现代医学普遍意识到很多营养或功能成分（因子）的储存和传送必须借助食物载体（或结构载体）；载体的多尺度微结构性质直接影响功能成分的有效性，包括其在机体内的传递、释放和被吸附利用等。因此对黄精功能成分的研究必须从食物本质出发，以其载体为基础，研究功能成分的功效、饮食方式、愉悦程度、消化和吸收的效率，开发全物料利用的九制蜜饯、代餐粉、饮料、饭、稀饭伴侣、面条、粉丝、馒头、饼干、月饼、粽子、酒、糖（丸）等普通食品，以及医疗定制餐、医疗定制食材、运动营养食品等特殊膳食，特别是低升糖指数黄精主食产品开发，并实现智能化、智慧化、数字化。

三、黄精产业发展建议

（一）将黄精生产列入木本粮油政策资金保障体系

黄精林下种植不占良田、不争林地，有很好的产量，多年生不需要仓储，可以有效减轻耕地和林地的压力。建议将新兴林粮黄精列入国家战略，以更好保障国家粮食安全、解决隐性饥饿。制定相应产业发展规划，参照油茶产业落实黄精产业发展支持政策。按照政府引导、市场主导的原则，重点推广储备林、经济林下种植及与玉米套种。

（二）将黄精应用纳入医疗保健与人口健康规划

践行"大食物观"，根据生物经济和大健康产业时代"以健康为中心""营养多元"的发展需求，发挥黄精"以食养生""以食疗病""以药治病"等多重功能，将以黄精食物为基础的营养战略纳入医疗保健与人口健康规划中，建议国家相关管理部门加快实施区域中医治未病中心试点建设和重点人群中医药健康促进项目，将黄精治疗糖尿病等列为慢病管理中心重点推广工程，建立基于食物的营养计划和干预措施"金字塔"，包括医疗定制膳食/食谱、食物处方、农产品处方、政府营养安全计划和人群健康食品政策，从而满足不同群体的保健、疾病预防与治疗等健康需求。不断探索中医治未病理念融入健康维护和疾病防治全过程的路径，形成可推广的中医治未病健康工程升级模式。

（三）将发展黄精产业列为乡村产业振兴和共同富裕的重要举措

黄精林下、山地种植，对促进乡村产业振兴和共同富裕具有重要战略意义，应充分发挥政府引导、社会力量积极支持、农民群众广泛参与的工作推进机制，将黄精产业列入巩固脱贫攻坚成果、促进共同富裕的重要抓手。从全产业链角度制定相关支持政策，全面优化政策支撑体系，制定黄精产业发展所需的土地、资金、人才等要素支撑的政策措施。支持种植规模发展与精深加工环节并重，加大品种、品牌、专利等知识产权扶持力度，提升黄精产业知识产权水平。鼓励黄精+乡村旅游，推出古法蒸制体验、黄精御宴体验、黄精研学等全产业链开发，延长黄精产业链，推动乡村全面振兴、共同富裕。

（四）构建完备的黄精全产业链创新应用体系

优化提升森林食物资源挖掘与利用全国重点实验室、黄精产业国家创新联盟等科技平台，围绕黄精林粮关键核心技术的研发和系统集成，组建全国黄精重点实验室，支持建设黄精育种长期科研基地，论证和实施黄精产业国家重大科技专项和产业化项目，解决黄精产业的重大科技问题。完善产学研协同和成果转化体系，积极推进企业、高校、科研院所协同合作，强化黄精产业发展创新链和产业链的有机衔接，并把人才培养和科学研究成果融入社会经济发展。

（五）三产融合驱动黄精产业发展

培育三产融合的龙头企业。大力培植一批黄精生产与销售龙头企业，尤其要扶持现有保健食品知名生产与销售企业，建立优质黄精产品物流配送中心，提高优质黄精产品集中采购、统一配送的能力，主攻会员消费群体和团购；建立黄精产品连锁店、商超优质黄精产品专销区、黄精产品专卖店等实体店与互联网结合的产销一体营销网络；探索发展黄精产品拍卖、电子交易、期货等交易方式，降低成本，引导生产。同时，充分利用现代信息技术，有机结合黄精的文化传播，努力拓展市场，以确保黄精产业稳步发展。

实施品牌战略。科技创新、文化创意、三产融合，从栽培环境、规范生产、精深加工、包装销售全产业链入手，管控主要活动和关键节点，构建集栽培品种标识、药材产地环境标识、加工厂家标识以及明确功效标识于一体的业务追溯和管理溯源体系，保证产品质量，实现可查询、可验证、可追溯，打造优质品牌，占领市场。

加强国际交流与合作。加强与联合国粮食及农业组织、世界卫生组织和世界粮食计划署的合作，将黄精应用纳入医疗卫生和人口健康规划，提升黄精的战略地位，增加该领域的研究团队和新一代研究人员，提高果聚糖的公众认知度，旨在吸引新兴产业和消费者的关注，推动实现广泛而有益的应用。增加举办国际会议、研讨会和教育项目的种类和频率，支持更多国际果聚糖研究团队之间的交流与合作，推动黄精的基础研究和应用研究，鼓励开发新的、高质量的果聚糖产品，服务于公众健康。

参考文献 REFERENCES

国家药监局核查中心, 2023. 中药材GAP实施技术指导原则 [Z]. 北京: 国家药监局核查中心.

何艳, 朱玉球, 肖波, 2019. 多花黄精组织培养体系的研究 [J]. 中国中药杂志, 44(10): 2032-2037.

黄申, 刘京晶, 张新凤, 2020. 多花黄精嫩芽主要营养与功效成分研究 [J]. 中国中药杂志, 45(5): 1053-1058.

李锦松, 张超, 张怀山, 2017. 黄精在酿造黄酒中的作用研究 [J]. 中国酿造, 36(11): 64-67.

李立格, 张泽锐, 石艳, 2021. 多花黄精生殖特性研究 [J]. 中国中药杂志, 46(5): 1079-1083.

李悦, 张培, 于润, 2021. 不同储藏条件对多花黄精花品质影响及其抗氧化性研究 [J]. 中国中药杂志, 46(12): 3091-3101.

刘京晶, 斯金平, 2018. 黄精本草考证与启迪 [J]. 中国中药杂志, 43(3): 631-636.

刘日斌, 邹卓, 唐嘉辉, 2024. 等. 黄精黑糯米酒酿造工艺优化及其品质分析 [J]. 中国酿造, 43(4): 192-196.

石艳, 杨通广, 杨美森, 2022. 大叶黄精: 一种潜力巨大的食药两用作物 [J]. 中国中药杂志, 47(4): 1132-1135.

斯金平, 刘京晶, 陈东红, 2020. 黄精 [M]. 北京: 中国林业出版社.

斯金平, 裘雨虹, 孙云娟, 2024. 新兴林粮: 黄精产业发展战略研究 [J]. 中国工程科学, 26(2): 113-120.

斯金平, 朱玉贤, 2021. 黄精: 一种潜力巨大且不占农田的新兴优质杂粮 [J]. 中国科学: 生命科学, 51(11): 1477-1484.

宋艺君, 郭涛, 李积秀, 2018. 黄精果酒主发酵工艺研究 [J]. 食品研究与开发, 39(20): 108-112.

宋艺君, 郭涛, 刘世军, 2021. 响应面法优化黄精-大枣果酒发酵工艺及其抗氧化活性 [J]. 食品工业科技, 42(1): 156-161.

苏文田, 刘跃钧, 蒋燕锋, 2018. 黄精产业发展现状与可持续发展的建议 [J]. 中国中药杂志, 43(13): 2831-2835.

苏文田, 谢建秋, 潘心禾, 2019. 多花黄精多糖与浸出物的时空变异规律 [J]. 中国中药杂志,

44(2): 270-273.

覃引, 何晓亮, 张建昆, 2022. 黄精-枸杞复合酸奶工艺条件优化及其品质分析[J]. 中国酿造, 41(8): 156-162.

杨婧娟, 赵声兰, 马雅鸽, 2019. 红茶菌复合发酵饮品的配方优化及发酵工艺研究[J]. 食品科技, 44(11): 109-115.

余蒙, 杨美森, 杨通广, 2022. 大叶黄精多糖相对分子质量分布及其单糖组成的研究[J]. 中国中药杂志, 47(13): 3439-3446.

张建萍, 蔡望秋, 陈尚龙, 2019. 黄精苹果酒的研制及挥发性成分分析[J]. 食品研究与开发, 40(15): 165-170.

张泽锐, 黄申, 刘京晶, 2020. 多花黄精和长梗黄精花主要营养功效成分[J]. 中国中药杂志, 45(6): 1329-1333.

郑梦琦, 蒋仁强, 方伟, 2023. 3株生防菌对多花黄精根腐病致病菌的抑制作用[J]. 中国中药杂志, 48(5): 1212-1217.

周扬华, 李晖, 李东宾, 2021. 基于指纹图谱和多成分定量分析的多花黄精质量评价研究[J]. 中国中药杂志, 46(21): 5614-5619.

Chen D H, Han Z G, Si J P, 2021. Huangjing (*Polygonati rhizoma*) is an emerging crop with great potential to fight chronic and hidden hunger[J]. Sci China Life Sci, 64(9): 1564-1566.

Chen D H, Si D, Liu J J, et al., 2024. Huangjing is not only a good medicine but also an affordable healthy diet[J]. Sci China Life Sci, 67(11): 2520-2522.

Chen H B, Feng R Z, Guo Y, et al., 2001. Toxicity studies of Rhizoma Polygonati Odorati[J]. Journal of Ethnopharmacology, 74(3): 221-224.

Downer S, Berkowitz S, Harlan T, et al., 2020. Food is medicine: actions to integrate food and nutrition into healthcare[J]. Bmj, 369, m2482.

Espinosa-Andrews H, Urías-Silvas J, Morales-Hernández N, 2021. The role of agave fructans in health and food applications: a review[J]. Trends in Food Science & Technology, 114: 585-598.

FAO, IFAD, UNICEF, et al., 2020. The state of food security and nutrition in the world 2020. Transforming food systems for affordable healthy diets[R]. Rome: FAO.

FAO, IFAD, UNICEF, et al., 2021. The State of food security and nutrition in the world 2021. Transforming food systems for food security, improved nutrition and affordable healthy diets for all[R]. Rome: FAO.

FAO, IFAD, UNICEF, et al., 2022. The state of food security and nutrition in the World 2022. Repurposing food and agricultural policies to make healthy diets more affordable[R]. Rome: FAO.

FAO, IFAD, UNICEF, et al., 2023. The state of food security and nutrition in the world 2023. Urbanization, agrifood systems transformation and healthy diets across the rural-urban continuum[R]. Rome: FAO.

Flamm G, Glinsmann W, Kritchevsky D, et al., 2001. Inulin and oligofructose as dietary fiber: a review of the evidence[J]. Crit Rev Food Sci Nutr, 41(5): 353-362.

Flannery K V, 1968. Archaeological systems theory and early Mesoamerica[M]// Meggers B J. Anthropological Archaeology in the Americas Anthropological Society of Washington: 67-87.

Gao Y, Wang J, Xiao Y, et al., 2024. Structure characterization of an agavin-type fructan isolated from *Polygonatum cyrtonema* and its effect on the modulation of the gut microbiota in vitro[J]. Carbohydr Polym, 330: 121829.

Hendry G, 1993. Evolutionary origins and natural functions of fructans: a climatological, biogeographic and mechanistic appraisal[J]. New Phytologist, 123(1): 3-14.

Hernández L, Plou F J, et al., 2023. Fructans: The terminology[M]// den Ende W V, Öner E T. The Book of Fructans. London : Academic Press: 3-10.

Leach J D, Sobolik K D, 2010. High dietary intake of prebiotic inulin-type fructans in the prehistoric Chihuahuan Desert[J]. Br J Nutr, 103(11): 1558-1561.

Liao S H, Fan Z W, Huang X J, et al., 2023. Variations in the morphological and chemical composition of the rhizomes of *Polygonatum* species based on a common garden experiment[J]. Food Chem (X) 17: 100585.

Mozaffarian D, Blanck H M, Garfield K M, et al., 2022. A Food is medicine approach to achieve nutrition security and improve health[J]. Nat Med, 28(11): 2238-2240.

Ritsema T, Smeekens S, 2003. Fructans: beneficial for plants and humans[J]. Current Opinion in Plant Biology, 6(3): 223-230.

Shi Y, Liu J J, Si D, et al., 2023. Huangjing: from medicine to healthy food and diet[J]. Food Frontiers, 4(3): 1068-1090.

Shi Y, Si D, Cheng D H, et al., 2023. Bioactive compounds from *Polygonatum* genus as anti-diabetic agents with future perspectives[J]. Food Chem, 408: 135183.

Shi Y, Si D, Zhang X F, et al., 2023. Plant fructans: recent advances in metabolism, evolution aspects and applications for human health[J]. Current Research in Food Science, 7: 100595.

Si D, Liu J J, Shi Y, et al., 2025. Huangjing fructan: a kind of novel active carbohydrate with energy-supply function[J]. Trends in Food Science & Technology, 162:105097.

Siddique K, Li X, Gruber K, 2021. Rediscovering Asia's forgotten crops to fight chronic and hidden hunger[J]. Nature Plants, 7(2): 116-122.

Verma D K, Patel A R, Thakur M, et al., 2021. A review of the composition and toxicology of fructans, and their applications in foods and health [J]. Journal of Food Composition and Analysis, 99: 103884.

Vijn I, Smeekens S, 1999. Fructan: more than a reserve carbohydrate?[J]. Plant Physiology, 120(2): 351-360.

Wang J J, Zhang W W, Guan Z J, et al., 2023. Effect of fermentation methods on the quality and in vitro antioxidant properties of *Lycium barbarum* and *Polygonatum cyrtonema* compound wine[J]. Food Chem, 409: 135277.

Xia J B, Zhang C R, Zhu K, et al., 2023. Identification of carbohydrate in *Polygonatum sibiricum*:

fructo-oligosaccharide was a major component[J]. Food Quality and Safety, 7: 1-8.

Xia M Q, Liu Y, Liu J J, et al., 2022. Out of the Himalaya-Hengduan Mountains: phylogenomics, biogeography and diversification of *Polygonatum* Mill. (Asparagaceae) in the Northern Hemisphere[J]. Mol Phylogenet Evol, 169: 107431.

Xiong S Q, Li Y X, Chen G, et al., 2023. Incorporation of Huangjing flour into cookies improves the physicochemical properties and in vitro starch digestibility[J]. LWT, 184: 115009.

Zhang M Y, Golding J B, Pristijono P, et al., 2024. Effects of Huangjing polysaccharides on the properties of sweet potato starch[J]. LWT, 204: 116474.

Zheng T, Chen H Y, Yu Y G, et al., 2024. Property and quality of japonica rice cake prepared with *Polygonatum cyrtonema* powder[J]. Food Chemistry(X) 22: 101370.

图书在版编目（CIP）数据

黄精 / 石艳, 刘京晶, 朱培林主编 . -- 北京：中
国农业出版社，2025.8. -- ISBN 978-7-109-33604-9

Ⅰ . S567.21

中国国家版本馆CIP数据核字第2025BE2731号

中国农业出版社出版

地址：北京市朝阳区麦子店街18号楼

邮编：100125

责任编辑：郭　科

版式设计：王　晨　　责任校对：吴丽婷　　责任印制：王　宏

印刷：北京缤索印刷有限公司

版次：2025年8月第1版

印次：2025年8月北京第1次印刷

发行：新华书店北京发行所

开本：700mm×1000mm　1/16

印张：13

字数：220千字

定价：99.00元